太湖流域营养物削减及达标应用技术

张徐祥　徐东炯　何席伟

张燕波　段学梅　黄开龙　◎著

河海大学出版社

HOHAI UNIVERSITY PRESS

·南京·

图书在版编目(C I P)数据

太湖流域营养物削减及达标应用技术 / 张徐祥等著.
南京 : 河海大学出版社,2024. 6. -- ISBN 978-7-5630-
9046-4

Ⅰ. X524

中国国家版本馆 CIP 数据核字第 2024MU1737 号

书　　名	太湖流域营养物削减及达标应用技术	
书　　号	ISBN 978-7-5630-9046-4	
责任编辑	杜文渊	
文字编辑	黄　晶	
特约校对	李　浪　杜彩平	
装帧设计	徐娟娟	
出版发行	河海大学出版社	
地　　址	南京市西康路 1 号(邮编:210098)	
电　　话	(025)83737852(总编室)　(025)83787763(编辑室)	
	(025)83722833(营销部)	
经　　销	江苏省新华发行集团有限公司	
排　　版	南京布克文化发展有限公司	
印　　刷	广东虎彩云印刷有限公司	
开　　本	718 毫米×1000 毫米　1/16	
印　　张	10.5	
字　　数	200 千字	
版　　次	2024 年 6 月第 1 版	
印　　次	2024 年 6 月第 1 次印刷	
定　　价	78.00 元	

前言

太湖流域作为我国经济发展的前沿地带之一，其水环境质量的恶化已经成为亟需解决的迫切问题。随着城市化的迅猛发展、农业生产的不断扩张以及工业活动的持续增加，太湖流域的水体面临日益严峻的污染威胁。水体富营养化、蓝藻暴发、水质恶化等问题在该区域频频发生，对生态环境和社会经济产生了深远的影响。水体富营养化是太湖流域水环境污染的主要表现之一，过量的营养物质，特别是氮、磷等营养盐的输入，导致了水体中藻类的快速繁殖，形成了有毒有害的蓝藻水华，这不仅直接损害了水生生态系统的稳定性，还加剧了水源的二次污染，影响了供水的安全性。在这一紧迫的背景下，本书将深入剖析太湖流域水环境的污染问题，并专注于营养物削减及达标应用技术的研究。这一技术的重要性不仅仅体现在治理水体污染的紧迫性上，更关乎整个太湖流域乃至相邻流域水资源的可持续利用。通过深刻理解污染源、溯源分析、入湖传输过程以及最优化的削减技术，旨在提供科学的、可操作的解决方案，从而确保太湖流域水环境质量的全面提升。

本书共分7章。第1章为绪论，主要介绍太湖流域营养物削减及达标应用技术的研究背景、意义和主要研究内容；第2章介绍研究区域概况，以及研究区域内营养物负荷核算的方法与结果；第3章介绍营养物同位素法和生物法溯源技术的原理及其在研究区域的应用结果；第4章介绍面源污染的空间集成溯源，包括模型软件的搭建、主要数据和过程的分析，以及基于面源污染点源化的控制单元识别；第5章通过对太滆运河水体营养物时空变化特征和赋存形态的分析，研究水环境数学模型的构建与计算，并核算研究区域入湖营养物通量；第6章介绍太滆运河水环境容量及营养物削减量计算方法，并提出优化组合工程方案及最佳适用技术；第7章介绍营养物削减、达标应用技术优化模型软件系统的构建原则、构建方法、系统内涵以及关键技术。

本书的研究成果来源于国家水体污染控制与治理科技重大专项，书稿由南京大学和常州市环境监测中心共同编写。限于作者的研究水平，书中难免存在缺陷和不足之处，希望读者多多批评指正。

目录

第一章

绪论

1.1　研究背景与意义

随着经济的快速发展,我国环境污染呈现结构型、复合型、压缩型特点,进入了累积性环境健康事件频发期,面临着全世界绝无仅有的环境治理难题,环境污染已成为影响我国经济社会发展的重大瓶颈问题。《国家中长期科学和技术发展规划纲要(2006—2020 年)》确定我国科技发展的战略重点之一为"把发展能源、水资源和环境保护技术放在优先位置,下决心解决制约经济社会发展的重大瓶颈问题"。水污染治理是事关经济社会可持续发展和人民生活质量提高的重大问题,已经被放在政府工作的首要位置。

太湖是国家确定的"三河三湖"水污染防治的重点湖泊之一。科学治理太湖需要掌握流入太湖的氮、磷营养物的贡献比例及其主要来源。应用传统的统计学手段估算区域营养物来源存在诸多困难,如:(1)来源统计困难多、阻力大;(2)农业面源污染变化大、模型估算困难;(3)湖泊水体有开放式交换特征。针对太湖区域营养物质污染负荷削减与水质达标管理等关键科技需求,在太湖流域典型区域内利用不同来源硝酸根、磷酸根的氮、氧同位素技术以及生物溯源技术,确定各类营养物的主要来源及其源强,建立典型区域社会经济、水环境基础信息、污染源、营养物质等属性数据库和空间数据库,以及多维数据决策支持模型和智能化综合分析平台,可为当地政府有针对性地高效削减营养物提供决策支撑服务。

2007 年蓝藻暴发之际,江苏省环保厅、太湖办发布《关于编制太湖流域主要入湖河道、重点区域水环境整治达标方案的通知》(苏太办〔2007〕3 号),要求无锡、苏州、常州、镇江市人民政府抓紧组织编制本区域内主要入湖河道、重点区域的分类水环境整治达标方案。太滆运河是太湖竺山湾的主要入湖河流之一,西起滆湖,自西北向东南流向,中间与锡溧漕河交汇,在百渎港汇入漕桥河,最终入太湖,全长 22.45 km,年平均水量 3.41 亿 m³。太滆运河区域人口和产业密集,是太湖入湖污染物转移交换的关键路径,对其及周边环境治理是太湖治理的核心任务之一,该区域的环境综合整治对改善入湖水质有重要意义。在这一区域开展营养物削减及达标应用研究,解析营养物来源,核算营养物通量容量,探讨营养物削减分配方案及最佳达标适用技术,将为太湖流域营养物标准制定提供应用实证,为太湖富营养化控制及水质达标评估共性技术的建立提供基础,为地方环保部门日常环境管理、水质预警及水污染防治提供借鉴和支持。

1.2　主要研究内容

为了评估并提出适合太湖流域营养物削减和水质达标的控制与管理技术、经济政策和保障措施,提高太湖营养物标准的可达性、可操作性,本书以太滆运河—竺山湾流域为研究区域,综合研究水环境营养物溯源技术,识别示范区内营养物主要控制单元,在此基础上,开发示范区营养物质削减-达标技术优化模型软件,主要研究内容如下。

(1) 介绍研究区域自然、社会概况,以及研究区域污染源调查范围与营养物负荷核算方法。

(2) 介绍水环境污染物源解析的同位素法溯源技术和生物法溯源技术,并将其应用到研究区域,调查研究区域主要氮、磷营养盐污染源,以及不同污染源的贡献比例。

(3) 介绍基于地理空间位置关系和社会经济生产信息的水污染溯源分析技术及其集成信息平台,并针对研究区域多断面采样检测数据,回溯营养物面源的空间负荷情况,展现不同污染物在不同水文条件下的空间负荷分布特征。

(4) 对研究区域进行采样调研,分析营养盐时空变化特征及赋存形态,介绍水环境数学模型的构建与计算,并核算研究区域污染物入湖通量。

(5) 介绍典型区域入湖营养物削减分配及达标最优适用技术研究方法,基于研究区域水环境容量,提出优化组合工程方案及最佳适用技术。

(6) 介绍营养物削减、达标应用技术优化模型软件系统的构建原则、构建方法、系统内涵以及关键技术,为更好地展示典型区域污染现状和污染防控措施提供技术依据,为提升水环境管理水平提供信息化平台和工具。

第二章

研究区域污染源调查与营养物负荷核算

2.1　研究区域概况

2.1.1　地理位置

太滆运河位于长江三角洲,地处江苏省东部。西连滆湖、东达太湖竺山湾。整个地区位于常州与宜兴交界处,其主体属常州市。本书研究区域为位于武进区内的太滆运河流域,包含雪堰、前黄 2 个镇的全部镇域以及南夏墅街道区域(图 2-1),共涉及 59 个行政村(村委会),总面积 179.06 km²,涉及人口 18.38 万人。

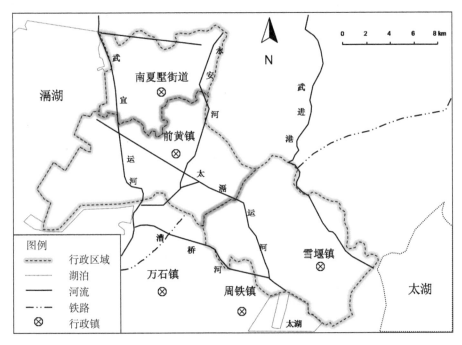

图 2-1　太滆运河流域范围图

2.1.2　气候与水文

太滆运河流域位于亚热带北缘,属海洋性温湿季风性气候,四季分明。多年平均气温 15.4 ℃,多年年平均最高气温 19.9 ℃,多年年平均最低气温 11.9 ℃,极端最高气温 39.4 ℃(1978 年 7 月 10 日),极端最低气温－15.5 ℃(1995 年 1 月 7 日);多年平均相对湿度 78%;雨量丰沛,年平均降水量 1 071.4 mm,多年年平均降雨天数 126.4 d;日照充足,年平均日照时间 2 047.5 h;无霜期长,年平均 226 d 左右;常年主导风向东南偏东,多年年平均风速 3.0 m/s。

太滆运河河浜众多,水文条件复杂,起源滆湖,自西北向东南流向,中间与锡溧漕河交汇,在百渎港汇入漕桥河,最终汇入太湖,全长 22.45 km,底宽 20～25 m,汛期泄水流量 120 m³/s,年平均水量 3.41 亿 m³,是太湖典型的入湖河道。

2.1.3 地形及自然资源

太滆运河流域主要为冲积平原,地貌类型属于高沙平原,区域内地势低平,河网稠密,平均海拔为 5 m。南部分布着凤凰山、夹山、四顶山、龙泉山、酱缸山等山丘,流域内最高峰龙泉山海拔 177.5 m,山地延伸的丘陵海拔一般在 50～100 m。地质构造处于茅山褶皱带范围之内,出露地层为第Ⅳ纪冲积层,厚达 190 m,由黏土、淤泥和砂粒组成,地下水位一般在地面下 1～3 m,深层地下水第一含水层水位约在地面下 30～50 m,第二含水层约在地面下 70～100 m。

太滆运河流域所在的常州市武进区位于亚热带北缘,光温适宜,雨水充沛,土地肥沃,物产丰富,素有"鱼米之乡"之称。植物资源丰富,东部雪堰低山丘陵地区盛产茶叶和桃、梨、葡萄等水果。有滆湖、阳湖、宋剑湖等自然湖泊,河港汊荡纵横交错,淡水渔业资源丰富,适宜于鱼、蟹、虾、蚌等水产养殖。矿产资源主要有石膏矿,焦溪、新安等地的白泥、紫砂、陶土等,以及潘家、芙蓉等地的优质矿泉水。

2.1.4 社会经济概况

(1) 雪堰镇

行政区划调整后,雪堰镇由原雪堰镇、潘家镇和漕桥镇的部分村庄合并而成,调整后的总面积为 104.38 km²,下辖 41 个行政村、4 个居民委员会,拥有人口 7.62 万人。全镇实现国内生产总值 35.98 亿元,三次产业结构为 25.05：54.32：20.63,全镇实现工业产值 78.53 亿元,产品销售收入 74.13 亿元,利润总额 6.23 亿元。

(2) 前黄镇

行政区划调整后,前黄镇由原前黄镇、寨桥镇和漕桥镇的部分村庄合并而成,现总面积 98.37 km²,下辖 30 个行政村(未统计新划出的胜西村)、3 个居民委员会,拥有人口 8.08 万人,其中户籍人口 6.48 万人,外来人口 1.38 万人。全镇实现国内生产总值 34.36 亿元,三次产业结构为 10.86：59.87：29.27。全镇实现工业产值 42.97 亿元,产品销售收入 41.74 亿元,利润总额 1.41 亿元。

（3）南夏墅街道

南夏墅街道又称武进高新区北区,属于武进高新技术产业开发区范围内。2007 年武进行政区划调整后,南夏墅街道辖 21 个行政村（含 2007 年年底调整并入的胜西村和万塔村）,拥有人口 10.05 万人。全街道工业企业较多,社会经济发展水平较高,据统计,全街道拥有工业企业 600 多家,实现工业产值 57.32 亿元,产品销售收入 53.38 亿元,利润总额 1.69 亿元。

以上为"十二五"期间的社会经济概况。

2.2　污染现状调查

2.2.1　调查范围

对于村镇工业发达、厂区与住宅混杂,工业、生活、农业等复合点、面源污染同时存在的流域,污染现状调查应从多角度展开,包括以下五个方面:

（1）流域社会经济与水环境基础信息调查

以太滆运河流域为例,调查太湖流域自然地理条件、河流水系、水环境质量状况、社会经济等流域现状基础信息,具体包括:自然地理（地理位置、行政区划分、地形地貌、经纬度等）、气候和气象（主要气候特征、降雨量、降水天数和强度等）、水资源与水环境（主要河流支浜、水域分布、水资源量、开发利用、各干/支流水质情况、地表水及地下水主要污染物及来源等）、社会经济水平（行政区划、人口、农业人口、GDP、城市化率等）。

（2）工农业点源污染现状调查

结合该区域污染源普查资料以及各地上报的污染源资料,针对重点污染源废/污水治理和排放情况进行实地调查和监测。

（3）种植业面源污染现状调查

种植业现状调查内容主要包括:种植业结构调整与主要农作物布局;种植业规模化、产业化状况与水平,包括适度规模经营面积、比重;农业龙头企业、农民专业合作组织发展,农产品的加工营销;种植业生产方式转变,包括耕作制度、设施农业发展状况;无公害农产品、绿色农产品和有机农产品认证、生产基地建设情况等。

生态农业（种植业）建设情况调研情况主要包括:化肥减施工程实施与进展,包括精准化施肥技术和畜禽粪便、农村固体废弃物资源化利用,有机肥施用;农药减施工程实施与进展,包括病虫综合防治技术、精准施药技术等的推广应用;农田氮磷流失生态拦截工程实施与进展,包括实行灌排分离,将排水渠改造为生态沟渠等措施,对农田流失的氮磷养分进行有效拦截;生物农药代替化学农药的推广应用情况等。

调查支撑资料主要包括:各级政府为促进环太湖生态农业发展出台的系列文件、法规等;环太湖生态农业发展相关规划及其年度工作计划、总结等,包括生态农业园区规划、相关部门总结等;环太湖生态农业发展统计数据及报表,包括各相关部门内部统计资料及其公开的统计年鉴等。

（4）畜禽养殖污染现状调查

以太滆运河流域为例向外扩展,调查（调研）资料收集范围为江苏省太湖流域,具体包括苏州市、无锡市、常州市和镇江市（除扬中外）全部行政区域,以及南京市高淳区、溧水区;畜禽养殖污染现状内容主要包括规模与散养奶牛养殖情况、规模与散养肉禽养殖、规模与散养蛋禽养殖情况、规模与散养生猪养殖情况。

重点地区（武进区）现场调查内容包括:武进区畜禽养殖概况（包含养殖类型、养殖规模、规模养殖企业数量及分布、分散养殖数量及分布等）;武进区畜禽养殖业产业发展方向及产业布局规划等;地方政府对畜禽养殖现有各类相关政策（包含产业发展、面源治理等方面）;畜禽养殖业废弃物处理采用的各类技术方法;并根据各类型畜禽业分别选择 3 家清洁养殖较为成功的养殖企业（场）、养殖小区、分散处理中心等进行实地走访,养殖类型包含生猪、奶牛、鸡、鸭、特种养殖等。

（5）农村生活污染现状调查

农村生活污染源主要通过统计人口数,按标准人均生活污水产生量计算得到,主要人口数据以 2010 年全国第六次人口普查中《中国 2010 年人口普查分乡、镇、街道资料》（光盘版）（国家统计局）数据为依据。

2.2.2　专题数据整理建库

在污染现状调查的基础上,以行政村为空间单元,建立专题数据库,包括社会经济与水环境基础信息、工农业点源污染现状、种植业面源污染、畜禽养殖污染、农村生活污染等各类数据库。此处以畜禽养殖数据库为例,整理如下（表 2-1）。

表 2-1　江苏省太滆运河流域规模畜禽养殖情况(村)

地理位置		养殖场占地面积(亩)	养殖栏舍占地面积(m²)	养殖种类	存栏量(万头/万羽)	年出栏量(万头/万羽)	养殖规模(家)	年处理粪便量(吨)
镇	村							
前黄	大成村	70.70	23 990	蛋禽	1.000	0.000	大型 1	2 815.50
				肉禽	0.000	42.000	大型 4；中型 5	
	丁舍村	23.10	7 670	肉禽	0.000	10.000	大型 1；中型 1	2 235.75
				生猪	0.000	0.323	中型 3；小型 1	
	红旗村	13.50	4 850	生猪	0.000	0.400	大型 1；中型 1；小型 1	2 100.00
	红星村	62.00	18 400	肉禽	0.000	62.100	大型 7；中型 7	3 353.40
	前黄村	2.00	400	生猪	0.000	0.024	小型 1	126.00
	谭庄村	2.90	1 380	生猪	0.000	0.080	小型 3	420.00
	前进村	18.00	7 500	肉禽	0.000	15.000	大型 1	1 125.00
				生猪	0.000	0.060	小型 2	
	运村	7.20	3 470	肉禽	0.000	6.200	大型 1	777.00
				生猪	0.000	0.150	小型 6	
	漳湟村	67.40	28 980	肉禽	0.000	67.900	大型 8；中型 8	4 091.85
				生猪	0.000	0.080	中型 1；小型 2	
	祝庄村	37.10	15 530	蛋禽	0.860	0.000	中型 1；小型 4	1 554.30
				肉禽	0.000	16.400	大型 2；中型 1	
				生猪	0.000	0.020	小型 1	
雪堰	城湾村	1.60	500	生猪	0.000	0.030	小型 1	157.50
	城西村	1.00	240	生猪	0.000	0.020	小型 1	105.00
	南宅村	0.85	410	生猪	0.000	0.046	小型 2	241.50
	潘家村	23.20	1 640	蛋禽	0.600	0.000	中型 1	328.50
				生猪	0.000	0.106	小型 5	885.00
	周桥村	7.50	1 580	肉禽	0.000	3.000	中型 1	267.00
				生猪	0.000	0.020	小型 1	
	圣烈村	1.80	340	蛋禽	0.500	0.000	中型 1	305.25
				生猪	0.000	0.006	小型 1	540.75
	王允村	17.30	4 080	生猪	0.000	0.103	小型 4	252.00
	夏墅村	8.00	730	生猪	0.000	0.048	小型 2	

续表

地理位置		养殖场占地面积（亩）	养殖栏舍占地面积（m²）	养殖种类	存栏量（万头/万羽）	年出栏量（万头/万羽）	养殖规模（家）	年处理粪便量（吨）
镇	村							
南夏墅	塘洋村	55.50	16 690	种禽	0.300	0.000	中型1	5 172.00
				生猪	0.000	0.167	中型3	
				肉禽	0.000	76.500	大型9；中型1	
	桐庄村	3.60	1 700	肉禽	0.000	2.500	中型1	429.00
				生猪	0.000	0.056	小型2	
	河东村	1.50	250	生猪	0.000	0.020	小型1	105.00
	华阳村	4.00	620	生猪	0.000	0.045	小型1	236.25
	万塔村	5.50	1 750	肉禽	0.000	11.000	大型2	1 584.00

注：1 亩≈666.7 m²

2.3 营养物负荷核算与评估

营养物污染负荷是指某一特定区域在一定时间内产生的碳、氮、磷等污染物总量。《中华人民共和国环境保护税法》规定，因排放污染物种类多等原因不具备监测条件的，按照国务院生态环境主管部门规定的排污系数、物料核算方法计算。本书根据太滆运河流域的社会经济状况，针对区域主要影响水环境的工业源、城镇生活源、农业农村面源、规模化畜禽养殖和水产养殖源，以及大气沉降源进行污染物核算，确定各类污染物对水环境的贡献。各污染源核算参考《第一次全国污染源普查工业污染源产排污系数手册》《第一次全国污染源普查畜禽养殖业源产排污系数手册》《第一次全国污染源普查农业污染源肥料流失系数手册》《第一次全国污染源普查城镇生活源产排污系数手册》等。其中，规模化畜禽养殖的牲畜粪便排放量通过统计年鉴和畜禽养殖污染排放系数进行估算，农村畜禽养殖粪便排放量将各类畜禽折算为标准猪当量再结合畜禽养殖污染排放系数进行估算。农业农村面源污染指化肥、农田废弃物和农村散养畜禽粪便中氮、磷元素流失导致的污染，包括农田化肥流失、农田固废、农村畜禽散养和农村生活污染，用流失系数法和排放系数法计算。

（1）工业污染源负荷总量

根据对重点污染源废水治理和排放情况的实地调查和监测，结合该区域污染源普查资料，以及各地上报的污染源资料，校核工业污染源负荷总量。

据统计调研,南夏墅街道、前黄镇以及雪堰镇三镇共有工业企业 3 055 家,其中太滆运河研究区域内纳入省环保普查数据中统计的工业点源共有 262 家,集中式污水处理厂三家;另有一家双惠环境工程有限公司(以下简称双惠公司)不在流域范围内,但处理研究区内的部分工业企业的生产废水。262 家工业点源企业共产生废水 162.73 万吨/年,废水排放量为 142.86 万吨/年。流域内产生并排放废水(不含委托双惠公司处理)的企业有 49 家;约有 40 家化工、铸造等企业采用槽车运输的方式,将废水运送至位于灵台村附近的双惠公司统一处理,废水产生量为 4.90 万吨/年;部分企业自身处理后达标排放;另有部分企业因为废水量较小,个别存在直排现象。

根据环境统计资料以及常州市武进区环保局提供的重点监管企业名单,示范区内共有 50 家重点工业污染源(不含三家集中式污水处理厂)。其中,25 家化工、铸造等企业将工业废水(化工和表面处理废水为主)委托给双惠公司处理(双惠公司处理后废水排放至武宜运河,不增加太滆运河的污染负荷),规划统计废水排放量时不予以纳入分析,在计算废水产生量时予以分析。据此,太滆运河示范区范围内共分析直接排放污水的重点工业污染源 25 家。

从重点污染源企业的空间分布看,25 家重点污染源企业主要集中在太滆运河的中下游,以雪堰镇潘家片区和前黄运村片区居多,企业直接分布在太滆运河旁边,前黄镇和南夏墅街道的重点污染源企业主要分布在前黄镇区和原庙桥乡政府所在地,离太滆运河有一段距离(图 2-2)。在 25 家重点污染源中,位于太滆运河边上的企业数为 12 家,占全部重点污染源的 48%。

从 25 家重点污染源企业的监管情况来看,目前纳入生态环境统计的有 6 家,不在统计范围内但属于环保局重点监管的企业 19 家。其中有三家企业安装了自动监控仪,分别为常州康普药业有限公司、常州武进武南印染有限公司、常州市武进靓仔纺织品有限公司。从污水处理情况看,25 家重点污染源企业中除了常州武进武南印染有限公司由武进城区污水处理厂接管外,其余的 24 家企业均设有排污口,污水处理达标后排放至永安河、武宜运河或太滆运河,最终汇总至太滆运河入太湖(表 2-2)。

从表 2-2 中可以得知,25 家重点污染源废水排放量为 118.84 万吨/年,其中产生 COD 76.99 吨/年、NH_3-N 3.69 吨/年、TN 10.75 吨/年、TP 0.77 吨/年。三镇中以南夏墅废水量居多,占到 25 家重点污染源废水排放量的 76%;具体指标中以 COD 排放居多,NH_3-N、TN 所占比重相对较少,这与区域范围内的行业特征息息相关(图2-3、图 2-4)。

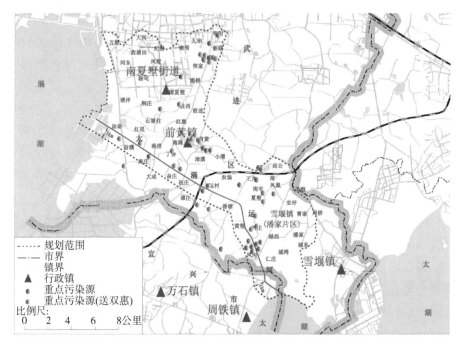

图 2-2 太滆运河示范区重点工业污染源分布情况

表 2-2 太滆运河示范区重点污染源企业废水排放情况

| 序号 | 单位名称 | 所在乡镇 | 污染物排放量（吨/年） | | | | | 排放去向 |
| | | | 废水排放量 | NH₃-N | COD | TP | TN | |

序号	单位名称	所在乡镇	废水排放量	NH$_3$-N	COD	TP	TN	排放去向
1	常州康普药业有限公司	前黄镇	182 500	0.26	12.78	0.07	0.37	永安河
2	常州市夹山生活垃圾卫生填埋场	雪堰镇	18 250	0.11	0.73	0.01	0.18	太滆运河
3	常州市武进武南印染有限公司	南夏墅	730 000	0.73	58.40	0.58	6.57	永安河
4	常州市武进靓仔纺织品有限公司	南夏墅	36 500	0.07	2.56	0.01	0.18	武宜运河
5	常州市武进区漕桥夏庄粮食加工厂	雪堰镇	2 190	0.15	0.18	0.00	0.22	太滆运河
6	常州市武进区漕桥黄兴粮食加工厂	雪堰镇	2 190	0.15	0.18	0.00	0.22	太滆运河
7	常州市武进区漕桥周氏米厂	雪堰镇	2 190	0.15	0.18	0.00	0.22	太滆运河
8	常州市武进区漕桥镇兴达粮食加工厂	雪堰镇	2 190	0.15	0.18	0.00	0.22	太滆运河

续表

序号	单位名称	所在乡镇	污染物排放量（吨/年）					排放去向
			废水排放量	NH$_3$-N	COD	TP	TN	
9	常州市武进区漕桥运河粮食加工厂	雪堰镇	2 190	0.15	0.18	0.00	0.22	太滆运河
10	常州市武进区漕桥阿华粮食加工厂	雪堰镇	2 190	0.15	0.18	0.00	0.22	太滆运河
11	常州市武进区漕桥顺达粮食加工厂	雪堰镇	2 190	0.15	0.18	0.00	0.22	太滆运河
12	常州市黄堰粮食加工有限公司	雪堰镇	2 190	0.15	0.18	0.00	0.22	太滆运河
13	常州市武进区漕桥桥南粮食加工厂	雪堰镇	2 190	0.15	0.18	0.00	0.22	太滆运河
14	常州市武进区潘家桥南粮食加工厂	雪堰镇	2 190	0.15	0.18	0.00	0.22	太滆运河
15	常州市武进区潘家镇兴达粮食加工厂	雪堰镇	2 190	0.15	0.18	0.00	0.22	太滆运河
16	常州市武进区前黄大路粮食加工厂	前黄镇	2 190	0.15	0.18	0.00	0.22	永安河
17	常州市武进运村水利粮食加工厂	前黄镇	2 190	0.15	0.18	0.00	0.22	永安河
18	常州市武进区前黄兴隆粮食加工厂	前黄镇	2 190	0.15	0.18	0.00	0.22	永安河
19	常州市南王天阳机械厂	雪堰镇	730	0.00	0.07	0.00	0.01	太滆运河
20	常州市武进南夏墅电镀有限公司	南夏墅	18 250	0.03	0.00	0.01	0.04	永安河
21	常州市泰瑞美电镀科技有限公司	南夏墅	91 250	0.37	0.00	0.05	0.18	永安河
22	常州市武进庙桥新阳电镀厂	南夏墅	29 200	0.04	0.00	0.01	0.06	永安河
23	常州市武进坊前电镀有限公司	前黄镇	36 500	0.02	0.00	0.02	0.07	太滆运河
24	常州市武进前黄电镀有限公司	前黄镇	10 950	0.01	0.00	0.01	0.02	永安河
25	江苏力倍特种材料有限公司	南夏墅	3 650	0.00	0.00	0.00	0.01	永安河
	合计	—	1 188 440	3.69	76.99	0.77	10.75	—

　　示范区内共涉及有 3 个工业集中区，分别分布在雪堰镇、前黄镇和南夏墅街道内。三个工业集中区 2011 年累计工业产值为 320.83 亿元，现有开发面积为 15.4 km²，地均工业产值为 20.83 亿元。工业集中区基本情况如表 2-3 所示。

　　三个工业集中区内已经完成或正在进行污水处理管道铺设，由相关的污水处理厂对其生活污水进行接管。其中前黄污水处理厂除了接管前黄工业集中区内工业企业生活污水外，还处理前黄镇的城镇生活污水。此外，由于集中区内的重点污染源企业产生的废水浓度较高，企业的工业废水主要委托双惠环境工程有限公司处理，没有纳入城镇污水管网。

图 2-3　太滆运河研究区内三镇工业废水量贡献比较分析

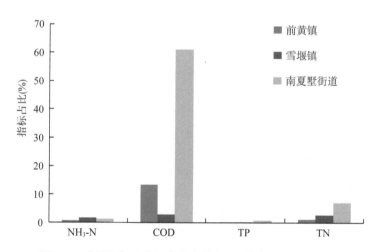

图 2-4　太滆运河研究区内废水量中不同指标结构比较分析

表 2-3　示范区工业集中区分布情况一览表

名称	开发区级别	工业总产值（亿元）	示范面积（km²）	开发面积（km²）	主导产业	接管污水处理厂
雪堰镇工业集中区	武进区	10.27	1.67	0.69	电子信息、精密机械、高新纺织	雪堰污水处理厂
前黄镇工业集中区	武进区	10.56	—	2.31	纺织、电子等	前黄污水处理厂

续表

名称	开发区级别	工业总产值（亿元）	示范面积（km²）	开发面积（km²）	主导产业	接管污水处理厂
武进高新区	江苏省	300	68.4	12.4	机械、电子	武南污水处理厂
小计		320.83	—	15.4	—	—

（2）生活污染源负荷总量

太滆运河流域内各个镇农村居民主要以自来水为主要水源，用水量根据家庭人口多少而异；井水为次要水源，一般用于洗衣、淘米、洗菜等，水量难定。而各个镇的农村生活污水只有一小部分集中处理，其余均直接排入附近的小河小塘里。生活污水污染物入河量按《太湖流域主要入湖河流水环境综合整治规划编制技术规范》中污染物排放量、入河量的计算方法计算，具体如下：

农村生活污染物入河量

$$W_{生1} = (W_{生1p} - W_{污}) \times \beta_1 \tag{1-1}$$

其中：$W_{生1}$ 为农村生活污染物入河量；$W_{生1p}$ 为农村生活污染物排放量；β_1 为农村生活入河系数；$W_{污}$ 为被污水处理厂处理掉的生活污染物的量。

$$W_{生1p} = N_{农} \times \alpha_1 \tag{1-2}$$

其中：$N_{农}$ 为农村人口数；α_1 为农村生活排污系数。

根据《常州市农业、林牧渔业、工业、生活和服务业用水定额（2016 年修订）》（常水资〔2016〕27 号），常州市采用的农村居民人均生活用水量平均日指标为 80~100 升/人。本研究用水定额选取为农村居民生活用水量平均 80 升/人·天。

依据《太湖流域主要入湖河流水环境综合整治规划编制技术规范》确定生活污水排放系数、入河系数，如表 2-4 所示。

表 2-4　农村生活污水排放系数及入河系数

农村生活污水	COD	NH_3-N	TN	TP
排放系数（g/（人·天））	27	4	6	0.2
入河系数	0.7	0.7	0.7	0.7

按照典型生活污染物排放系数，采用人均指标法进行测算，已经接管处理的生活污水按照污水处理厂处理后的水质估算。据统计估算，太滆运河示范区内生活污水排放量共 352.66 万吨/年。按镇（街道）划分，南夏墅街道 163.26 万吨/年，占排放总量的 46.29%；前黄镇 91.61 万吨/年，占排放总量的 25.98%；

雪堰镇 97.79 万吨/年,占排放总量的 27.73%。按镇区和农村划分,镇区 32.43 万吨/年,占排放量总量的 9.2%;农村 320.23 万吨/年,占排放量总量的 91.8%。COD 排放总量为 1 057.98 吨/年,NH$_3$-N 155.82 吨/年,TN 235.11 吨/年,TP 7.93 吨/年。详见表 2-5 和图 2-5。

表 2-5　太滆运河示范区内生活污水污染物排放量

区域名称		污水排放量 (万吨/年)	COD (吨/年)	NH$_3$-N (吨/年)	TN (吨/年)	TP (吨/年)
南夏墅街道	镇区	11.85	35.54	4.94	7.90	0.30
	农村	151.41	454.23	67.29	100.94	3.37
	小计	163.26	489.77	72.23	108.84	3.67
前黄镇	镇区	17.29	51.87	7.20	11.53	0.43
	农村	74.32	222.97	33.03	49.55	1.65
	小计	91.61	274.84	40.23	61.08	2.08
雪堰镇	镇区	3.29	9.87	1.37	2.19	0.08
	农村	94.50	283.50	41.99	63.00	2.10
	小计	97.79	293.37	43.36	65.19	2.18
镇区小计		32.43	97.28	13.51	21.62	0.81
农村小计		320.23	960.70	142.31	213.49	7.12
合计		352.66	1 057.98	155.82	235.11	7.93

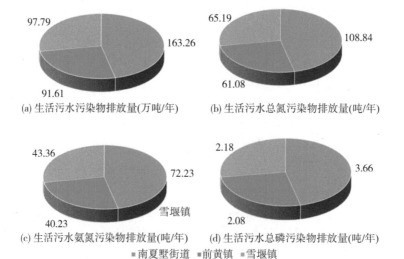

(a) 生活污水污染物排放量(万吨/年)　　(b) 生活污水总氮污染物排放量(吨/年)

(c) 生活污水氨氮污染物排放量(吨/年)　　(d) 生活污水总磷污染物排放量(吨/年)

■南夏墅街道　■前黄镇　■雪堰镇

图 2-5　太滆运河示范区内生活污水排放状况

（3）畜禽养殖污染源负荷总量

依据《畜禽养殖业污染物排放标准》（GB 18596—2001）、《太湖流域主要入湖河流水环境综合整治规划编制技术规范》确定的畜禽养殖业污染物排放系数进行养殖业营养物产生量测算。

畜禽养殖业污染物入河量估算方法如下：

$$W_{畜禽} = W_{畜禽p} \times \beta_2 \tag{1-3}$$

其中：$W_{畜禽}$ 为畜禽养殖污染物入河量；$W_{畜禽p}$ 为畜禽养殖污染物排放量；β_4 为畜禽养殖入河系数。

$$W_{畜禽p} = N_{畜禽} \times \alpha_2 \tag{1-4}$$

其中：$N_{畜禽}$ 为养殖畜禽头数；α_2 为畜禽排污系数。通过对太滆运河流域畜禽养殖资料的调查统计，畜禽以年末存栏数量计。依据《太湖流域主要入湖河流水环境综合整治规划编制技术规范》畜禽量换算公式（3 只羊＝1 头猪，5 头猪＝1 头牛，60 只肉鸡＝1 头猪，30 只蛋鸡＝1 头猪，50 只鸭＝1 头猪，40 只鹅＝1 头猪，60 只鸽/鹌鹑＝1 头猪）将畜禽数量换算成猪的量进行计算，畜禽养殖排污系数采用《第一次全国污染源普查畜禽养殖业源产排污系数手册》中的取值，具体见表 2-6。

表 2-6　畜禽养殖（以生猪计）污染物排放系数及入河系数

畜禽养殖	COD	NH₃-N	TN	TP
排放系数（kg/头·年）	40.55	1.314	3.05	0.38
入河系数	0.6	0.6	0.6	0.6

据相关统计数据，2011 年示范区内奶牛存栏量 64 头，生猪、山羊存栏量 3.37 万头（只），家禽 41.36 万只，其他还有养殖鹌鹑、兔子等约 7.13 万只，见表 2-7。

表 2-7　太滆运河示范区畜禽养殖情况

镇（街道）名	养殖类型	奶牛（头）	生猪、山羊（头）	家禽（只）	其他
雪堰镇 （示范区内）	散养	0	2 635	16 500	0
	规模养殖	0	12 236	169 844	66 313
	合计	0	14 691	186 344	66 313
前黄镇 （示范区内）	散养	0	2 569	83 714	0
	规模养殖	14	6 033	108 575	5 000
	合计	14	8 602	192 289	5 000

镇(街道)名	养殖类型	奶牛(头)	生猪、山羊(头)	家禽(只)	其他
南夏墅街道	散养	0	2 582	26 600	0
	规模养殖	50	7 817	8 400	0
	合计	50	10 399	35 000	0
合计	散养	0	7 786	126 814	0
	规模养殖	64	26 086	286 819	71 313
	合计	64	33 692	413 633	71 313

注:家禽中包括肉鸡、蛋鸡、肉鸭、肉鹅等,其他类中包括兔子、鹌鹑等。

根据示范区域畜禽养殖数量和排污系数计算,太滆运河示范区畜禽养殖业各种污染物入河量为:COD 179.50 吨/年,TN 64.56 吨/年,NH₃-N 35.95 吨/年,磷 4.93 吨/年。

(4) 种植业面源污染负荷总量

研究表明,太湖农业面源污染进入水体的主要途径为地表径流,因此种植业营养物排放量主要考虑通过地表径流进入河道的污染物量。种植业污染入河量估算方法如下:

$$W_{农} = W_{农p} \times \beta_3 \times \gamma_1 \tag{1-5}$$

其中:$W_{农}$ 为农田污染物入河量;$W_{农p}$ 为农田污染物排放量;β_3 为农田入河系数;γ_1 为修正系数(农田化肥亩施用量在 25 kg 以下,修正系数取 0.8~1.0;在 25~35 kg,修正系数取 1.0~1.2;在 35 kg 以上,修正系数取 1.2~1.5)。

$$W_{农p} = M_1 \times \alpha_3 \tag{1-6}$$

其中:M_1 为标准农田面积;α_3 为标准农田排污系数。依据《太湖流域主要入湖河流水环境综合整治规划编制技术规范》确定种植业污染物排放系数及入河系数如表 2-8。

表 2-8　种植业污染排放系数及入河系数

种植业	COD	NH₃-N	TN	TP
排放系数(kg/亩·年)	10	3	10	0.3
入河系数	0.1	0.1	0.1	0.1

根据武进高新区和雪堰镇、前黄镇提供的相关统计数据,示范区域共有耕地 10.2 万亩,其中水田 8.3 万亩、旱田 1.9 万亩。从各片区来看,示范区内雪堰镇片区共有耕地 3.26 万亩,水田 2.62 万亩、旱地 0.64 万亩;前黄镇片区共有耕地

4.32万亩,水田3.74万亩、旱地0.58万亩;南夏墅片区共有耕地2.61万亩,水田1.96万亩、旱地0.654万亩。农作物以水稻、小麦、瓜果蔬菜和油菜种植为主(图2-6)。

图2-6 分村种植业分布图

根据农业种植业产排污计算标准,可得到太滆运河示范区种植业各种污染物进入河道的量为:COD 101.97吨/年,TN 101.97吨/年,NH_3-N 30.59吨/年,磷3.06吨/年,详见表2-9。

表2-9 太滆运河示范区各村种植面积及污染物排放量

镇(街道)名	耕地类型	种植面积 (亩)	COD (吨/年)	TN (吨/年)	NH_3-N (吨/年)	TP (吨/年)
雪堰镇 (示范区内)	水田	26 223.0	26.22	26.22	7.87	0.79
	旱地	6 401.5	6.40	6.40	1.92	0.19
	合计	32 624.5	32.62	32.62	9.79	0.98
前黄镇 (示范区内)	水田	37 386.7	37.39	37.39	11.22	1.12
	旱地	5 816.3	5.82	5.82	1.74	0.17
	合计	43 203.0	43.20	43.20	12.96	1.30
南夏墅 街道	水田	19 599.7	19.60	19.60	5.88	0.59
	旱地	6 546.3	6.55	6.55	1.96	0.20
	合计	26 146.0	26.15	26.15	7.84	0.78
合计	水田	83 209.4	83.21	83.21	24.96	2.50
	旱地	18 764.1	18.76	18.76	5.63	0.56
	总计	101 973.5	101.97	101.97	30.59	3.06

来源:雪堰镇、前黄镇和武进高新区社会经济发展资料(2011)。

(5)水产养殖业污染源排放量

水产养殖业污染物入河量估算方法如下:

$$W_{水产} = W_{水产_P} \times \beta_4 \tag{1-7}$$

其中:$W_{水产}$为水产养殖污染物入河量;$W_{水产p}$为畜禽养殖污染物排放量;β_4为水产养殖入河系数。

$$W_{水产p} = M_2 \times \alpha_4 \tag{1-8}$$

其中:M_2为水产养殖面积;α_4为水产养殖排污系数。根据水产养殖排污经验系数,结合流域实际养殖情况,采用的排污系数如表 2-10 所示。

表 2-10　水产养殖业排污系数及入河系数

水产养殖	COD	TN	TP
排放系数(kg/公顷·年)	45	10.8	1.71
入河系数	1	1	1

太滆运河示范区水产养殖面积 3.59 万亩,其中围网养殖 1.82 万亩,池塘养殖 1.77 万亩,主要集中在前黄片区。饲养以河虾、龟鳖、团头鲂、黑鱼及其他常规鱼等。养殖排水一般不作处理直接排放,排水去向主要是滆湖、太滆运河、武宜运河、永安河及其附近的农田。太滆运河示范区域水产养殖情况见表 2-11。

表 2-11　太滆运河示范区水产养殖情况

镇(街道)名	养殖种类	养殖类型	养殖面积(亩)
雪堰镇 (示范区内)	虾蟹、龟鳖、其他 常规鱼等	围网养殖	955
		池塘养殖	3 738
		合计	4 693
前黄镇 (示范区内)	河虾、团头鲂、黑鱼、 其他常规鱼等	围网养殖	8 759
		池塘养殖	12 500
		合计	21 259
南夏墅街道	常规鱼类为主	围网养殖	8 440
		池塘养殖	1 500
		合计	9 940
合计	—	围网养殖	18 154
		池塘养殖	17 738
		合计	35 892

根据养殖规模及水产养殖排污系数计算,太滆运河示范区域水产养殖各类污染物排放量为:COD 为 106.96 吨/年,TN 25.84 吨/年,TP 4.09 吨/年。

(6) 研究区的大气湿沉降年负荷

大气氮磷沉降是生物地球化学循环的重要组成环节,包括干沉降和湿沉降两种途径。干沉降是指通过布朗运动、碰撞组合和自重力或下垫面截流产生的沉降，而湿沉降主要包括云内富集以及云下降水中气体或颗粒物溶解、悬浮并被带到地表时的沉降。雨雪长期以来被认为是清洁大气环境的自然方法，通过大气沉降多种元素进入海洋、湖泊，也是生物地球化学物质循环研究的重要组成内容。研究表明，即使在地球上偏远地区干净的大气降水中，也含有一定浓度的N、P元素；而在污染地区的雨水中，N、P含量可上升1~2个数量级，从而对海洋、湖泊水体的富营养化产生重大影响。目前，五大淡水湖泊中的太湖、巢湖富营养化十分严重，藻类水华频发，水质恶化，已成为极其严重的生态环境灾害，导致了临近的大中城市面临严重的水质性缺水。研究表明，大气湿沉降中，溶解性无机氮(DIN)对TN的贡献比较大，平均约占TN的78.78%。DIN的湿沉降率具有季节性分布：夏季高，春季次之，冬秋季低。

大气沉降通量采用大气湿沉降通量的计算公式：

$$D = \frac{C \times LS}{S \times 100} \tag{1-9}$$

式中：D 为沉降通量(kg/hm^2)；C 为沉降质量浓度(mg/L)；L 为收集液降雨体积(L)；S 为沉降采集器横截面积(m^2)；100 为公式中单位转换系数。

2013年6月—2014年6月竺山湾干湿沉降总氮、总磷通量见图2-7。可以看出干湿沉降通量存在一定季节差异，一年中2月份干湿沉降通量最高，5月和8月份次之。总体来看，月度干湿沉降总氮通量在7.5~39.5 t范围，总磷通量在0.2~2.7 t范围。

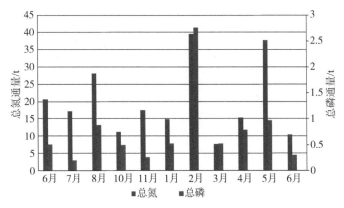

图2-7　总氮、总磷干湿沉降通量

根据常州市环境监测站在武进区环境监测站的监测数据，估算通过大气干湿沉降直接输送到太滆运河各污染物的总量,结果如下。

表 2-12　太滆运河流域干湿沉降污染物入河量构成　（单位：吨/年）

	COD	TN	NH₃-N	TP
干沉降	—	61.34	38.14	2.86
湿沉降	—	30.67	19.07	1.43
总计	—	92.01	57.21	4.29

注：干湿沉降按 10% 的入河量计算。

（7）太滆运河流域污染物入河量

综合分析流域工业、生活和农业污染源的污染物排放现状,估算出流域主要污染物入河量。其中,COD 入河量为 1 683.58 吨/年,TN、NH₃-N 和 TP 的入河量分别为 532.95 吨/年、290.00 吨/年和 236.01 吨/年。COD 和 NH₃-N 主要来源于生活污染,其入河量比重分别为 62.84% 和 53.70%。TN、TP 主要来源于生活污染和畜禽养殖污染。以上详见表 2-13。

表 2-13　太滆运河主要污染物入河量　（单位：吨/年）

污染源	COD	TN	NH₃-N	TP
工业	237.17	13.46	10.41	1.71
种植业	101.97	101.97	30.59	3.06
生活	1 057.98	235.11	155.84	7.93
畜禽养殖	179.50	64.56	35.95	4.93
水产养殖	106.96	25.84	0.00	4.09
干湿沉降	0.00	92.01	57.21	4.29
总计	1 683.58	532.95	290.00	26.01

表 2-14　太滆运河流域营养物污染负荷比例　（单位：%）

污染源		COD	TN	NH₃-N	TP
工业		14.09	2.5	3.6	6.6
生活		62.84	44.1	53.7	30.5
农业	种植业	6.06	19.1	10.5	11.8
	畜禽养殖	10.66	12.1	12.4	19.0
	水产养殖	6.35	4.8	0.0	15.7
	小计	23.07	36.0	22.9	46.4

续表

污染源		COD	TN	NH$_3$-N	TP
大气沉降	干沉降	0.00	11.5	13.2	11.0
	湿沉降	0.00	5.8	6.6	5.5
	小计	0.00	17.3	19.8	16.5

　　由表 2-14 可以看出,生活污染源是太滆运河流域氮污染的主要来源,其总氮、氨氮和总磷的入河量分别占各营养物入河总量的 44.1%、53.7% 和 30.5%;农业污染源所占比例也较大,总氮、氨氮和总磷的入河量分别占各营养物入河总量的 36.0%、22.9%、46.4%,且其总磷的入河比重大于生活污染源,其中畜禽养殖在入河污染物中的贡献率最大;工业污染源占太滆运河流域营养物入河量比例较低,说明政府行政管理对太滆运河流域水质改善起了一定的作用;大气干、湿沉降对氮污染的贡献率较大,所占比重均在 16% 以上。

第三章

典型区域营养物污染源
解析

水环境污染物源解析就是识别水体中污染物种类及其来源,以便提出减少和控制流域污染输入的措施,是流域水安全管理的重要内容之一。本章以太滆运河为主要研究对象,以污染源环境样本和自然水样等为主要研究材料,建立NO_3^-的氮、氧同位素与PO_4^{3-}的氧同位素检测方法,建立污染源端元混合模型和同位素值示踪库,通过计算分析查明研究区域主要氮磷营养盐污染源,以及不同污染源的贡献比例,同时结合基于物种特异性DNA分子标记物的生物法溯源技术,明确研究区水环境中的粪便污染来源,为制定氮磷削减方案和控制太湖氮磷输入量提供理论指导。

3.1　营养物污染同位素法源解析

3.1.1　同位素溯源技术原理

同位素溯源技术是利用放射性核素或稳定同位素作为示踪剂,以追踪研究对象及其运动变化规律的一种重要技术手段。每一种污染物的不同来源都有其特定的同位素组成,且不同来源的污染物在经历不同的物理、化学和生物过程中其同位素组成能保持相对稳定。前者可以保证对不同来源的污染物进行有效区分,即不同来源污染物的同位素信号差别越大,其识别度就越大,越容易进行区分,从而保证示踪结果的定量表达;后者可以保证示踪剂的性质满足污染物不同端元解析的数学逻辑,即不同来源的污染物的同位素组成越稳定,就越能满足作为理想示踪剂的数学要求,确保解析结果的准确性。

不同来源的同位素具有明显的指纹特征,即特定的污染源中具有特定的稳定同位素组成,其组成的含量分析结果精确稳定,在迁移与转化过程中具有组成不变的特点,因而可以通过介质中不同来源同位素的丰度来追溯污染物的来源。目前,水环境中污染物源解析主要使用碳、氢、氧、氮、硫、铅、汞等稳定性同位素,利用其作为示踪剂推测水体中污染物的来源,分析污染物随时间的迁移与变化,从而达到对已发生的污染事件进行仲裁、了解污染及其转化途径等目的。

同位素示踪技术中δ表示样品的同位素比值(重同位素与轻同位素的丰度之比)相对于一个标准物质的同位素比值的千分差,例如,原位铵态氮硝化作用形成的土壤$\delta^{18}O$通常在$-5‰\sim5‰$。由于不同来源的同位素比值具有不同的特征值,例如硝酸盐合成肥料的$\delta^{15}N$为$-1‰\sim2‰$,动物粪便或污水的$\delta^{15}N$为$8‰\sim16‰$,因此通过评估样品中的$\delta^{15}N$,可以大致区分硝酸盐来源。但在实际研究中,由于环境条件的复杂性导致不同来源的氮同位素特征值存在或多或少的重叠,仅仅利用氮同位素无法达到精确溯源的目的,因此越来越多的研究者利用多同位素联合分析的方式进行污染物溯源,如将硝酸盐的稳定性同位素($\delta^{15}N$、$\delta^{18}O$)综合起来研究水体硝酸盐来源。

稳定性同位素的常规分析方法主要有质谱法、核磁共振谱法、气相色谱法、中子活化分析法、光谱法等。其中,质谱法具有分析元素多、分析精度高的优点,是目前环境科学领域中最常用的稳定性同位素分析方法。该方法是样品先经过热电离、电子电离、激光照射电离、粒子流轰击电离、等离子体电离等处理后,进入质谱检测器进行定量或定性分析,主要包括固体/气体同位素质谱、连续流质谱、激光探针质谱、离子探针质谱、电感耦合等离子体质谱、同位素比质谱分析等。

3.1.2 典型污染源的采集分析、同位素特征值

在识别污染源的过程中,明确污染区域内各类污染源的同位素特征值构成了首要的基础条件。本书聚焦于太滆运河流域,经过详尽的调研工作,确定了太湖竺山湾周边的主要污染源及其相应的氮、氧同位素特征值。这些污染源主要包括城镇与农村的生活污水面源、大气降水面源,以及农业化肥面源(其中可能还涵盖了工业面源和土壤面源的影响),详细数据参见表 3-1。

表 3-1　主要污染源种类及其同位素值　　　　　　　　　　　(单位:‰)

	种类	$\delta^{15}N$(‰)	$\delta^{18}O$(‰)	n
氮源	生活污水[a]	14.1±7.5	0.2±0.6	11
	化学肥料[b]	0.1±0.8	−5.6[f]	12
	工业废水[c]	0.7	−5.6[f]	1
	雨水[d]	0.52	46.7	2
	土壤[e]	4.6±0.7	−5.6[f]	7
	种类	$\delta^{18}O$(‰)		n
磷源	生活污水[a]	11.6±0.7		7
	化学肥料[b]	13.7±0.6		11
	雨水[d]	—[g]		2

　　a. 生活污水包括污水厂 4 座,垃圾填埋场 1 座,农村生活污水 3 处;其中污水厂采样分别包括进水水样和出水水样。

　　b. 化学肥料为当地市面上随机购买的 13 种不同肥料,由 9 个不同厂家生产;成分随肥料种类而不同,主要含 N 成分为尿素和氯化铵,主要含 P 成分为 P_2O_5。

　　c. 工业废水中主要形态为铵盐。

　　d. 雨水分别在苏州和常州采集,共计 2 次。

　　e. 土壤为太湖竺山湾周边乡镇农田土壤。

　　f. 由于此类氮污染源本身形态为有机态和铵盐,故无法直接测试此类污染源氧同位素 $\delta^{18}O$ 值,但是根据硝化反应机理可计算出其值为 −5.6‰。

　　g. 未检出。

3.1.3 建立端元混合模型

基于不同污染源的同位素特征值分析,可识别具有特定同位素值范围的污染源。通过构建端元混合模型,可准确计算各污染源在太湖流域自然水体中的贡献比例。结合实地调研、样品采集与同位素分析,确立生活污水、农业化肥和工业废水、大气降水(雨水)是太湖流域的主要氮污染源。基于此,建立了包含这三种污染源的混合模型(图 3-1),用于精确估算各类污染源的贡献。

生活污水作为关键氮污染源,其同位素特征显著。未经处理的生活污水氮同位素值较高(平均值:+19.8‰),而处理后则因生物作用而显著下降(平均值:+10.9‰)。这归因于生物作用过程中的同位素分馏效应。同时,生活污水的氧同位素值在处理后略有降低(约 1‰)。鉴于太湖流域内大量未经处理的生活污水直接排放,推测这是主要的氮污染来源。

农业化肥和工业废水也具有相似的同位素特征,均来源于市场氮工业生产商。这使得它们的氮同位素值接近大气中氮气的同位素值(平均值:−1.4‰)。此外,两者的氧同位素值计算为−5.6‰。

雨水作为另一氮污染源,其氮氧同位素特征同样明显。雨水中硝酸盐主要来源于大气光化学反应和排放过程,氮同位素值较低(平均值:+0.5‰),而氧同位素值较高(平均值:+46.7‰),这反映了大气反应中的氧同位素分馏效应。

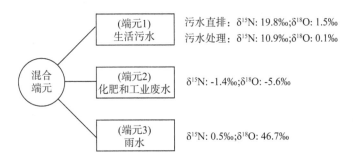

图 3-1 根据实际调研确定的太湖流域氮来源端元及其特征值(取平均值)

根据不同端元同位素特征值可得到有由不同端元污染源混合构成的环境水样中硝酸盐的氮氧同位素值,表达式为:

$$\delta^{15}N = \sum f_i * \delta^{15}N_i \tag{1}$$

$$\delta^{18}O = \sum f_i * \delta^{18}O_i \tag{2}$$

$$1 = \sum f_i \tag{3}$$

其中：f_i 为不同端元所占的权重，$\delta^{15}N_i$ 和 $\delta^{18}O_i$ 为不同端元的同位素特征值。

3.1.4　太滆运河流域水体中营养物来源和比例分析

以太滆运河为研究对象，通过河流样品采集（如图 3-2 所示）与同位素分析技术，结合既有的同位素端元混合模型，对水体中氮的来源进行量化评估。采样活动分别在 2013 年的 4 月、7 月、11 月以及 2014 年 8 月进行。

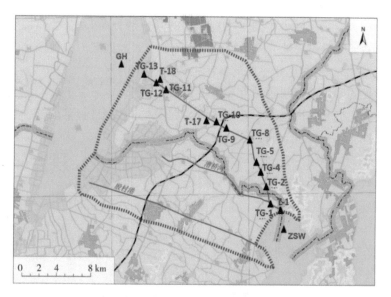

图 3-2　太滆流域环境水样采样点分布

太滆运河水体中硝酸盐含量呈现季节性波动，如表 3-2 所示，2013 年 4 月达峰值（平均 15.8 mg/L），而 2013 年 11 月和 2014 年 8 月降至最低（平均分别为 12.2 mg/L 和 12.0 mg/L）。硝酸盐含量沿河流流向从上游至下游显著增加，揭示了氮输入量的增加。

表 3-2　太滆运河氮含量

序号	采样编号	NO_3^- (mg/L)			
		2013.04	2013.07	2013.11	2014.08
T1	TG-13	11.19	8.43	6.41	4.77
T2	TG-12	11.64	12.6	9.23	9.01

序号	采样编号	NO₃⁻ (mg/L)			
		2013.04	2013.07	2013.11	2014.08
T3	TG-11	11.06	13.12	11.7	11.64
T4	T-7	20.77	13.05	8	14.06
T5	TG-9	19.84	13.99	19.48	16.09
T6	TG-8	17.99	17.79	13.9	17.15
T7	TG-4	18.14	16.39	14.52	12.04
T8	TG-2	—	12.3	14.17	11.19

表 3-3 展示了硝酸盐氮、氧同位素值的季节变化。2013 年 4 月硝酸盐氮同位素值最高（平均+16.2‰），而同年 11 月最低（平均+8.6‰）。硝酸盐氮同位素值与含量高度相关（$r=0.76$），表明硝酸盐输入是影响其同位素值的主要因素。相比之下，硝酸盐氧同位素值的变化与含量无显著关联，可能受生物作用影响较大。

表 3-3　太滆运河硝酸盐氮、氧同位素组成

序号	δ¹⁵N(‰)				δ¹⁸O(‰)			
	2013.04	2013.07	2013.11	2014.08	2013.04	2013.07	2013.11	2014.08
T1	7.09	3.53	5.02	4.28	3.24	2.86	1.88	2.37
T2	17	8.11	4.96	6.54	5.25	0.42	−0.23	0.10
T3	14.86	9.33	7.98	8.66	4.75	0.93	−0.91	0.01
T4	20.19	11.06	9.13	10.10	8.88	2.45	0.98	1.72
T5	24.52	13.23	11.98	12.61	8.15	3.23	1.78	2.51
T6	16.55	15.11	11.5	13.31	−3.53	1.97	3.01	2.49
T7	13.21	16.12	9.11	10.18	−4.29	0.22	−1.22	−0.50
T8	—	11.24	8.89	9.13	—	−4.97	−1.91	−1.19

基于氮污染源端元混合模型，利用水体样本中的硝酸盐氮、氧同位素数据，定量分析太滆运河水体中不同氮污染源的贡献比例（如表 3-4 所示）。结果显示，各季节太滆运河水体的氮源变化趋势相似，即沿水流方向，生活污水的比重递增，而农业肥料和工业废水比重递减，反映出周边人类活动区向运河输入大量生活污水。然而，在下游区域，工业废水输入可能导致生活污水比重降低。具体而言，同一采样点在不同月份（如 2013 年 4 月和 11 月）的生活污水占比有所变化，前者最高，后者最低。此外，上游区域雨水输入的硝酸盐比例显著高于中下游。

表 3-4　太滆运河水体中氮来源比例

序号	2013.04			2013.07		
	生活污水%	化肥和工废%	雨水%	生活污水%	化肥和工废%	雨水%
T1	39	49	12	22	65	13
T2	86	5	9	44	50	5
T3	76	15	9	50	44	6
T4	100	0	0	58	34	7
T5	100	0	0	68	24	8
T6	82	18	0	78	19	3
T7	66	34	0	83	17	0
T8	—	—	—	57	43	0
序号	2013.11			2014.08		
	生活污水%	化肥和工废%	雨水%	生活污水%	化肥和工废%	雨水%
T1	29	60	11	24	67	9
T2	30	64	6	36	62	2
T3	44	53	3	48	52	0
T4	49	45	6	56	43	1
T5	63	32	5	70	30	0
T6	60	32	8	73	27	0
T7	49	49	2	55	45	0
T8	48	51	1	49	51	0

　　在综合考量太滆运河多个采样点的硝酸盐浓度权重与不同氮污染源的比重后,可得出整条河流不同污染源的总体占比(见图 3-3)。分析表明,2013 至 2014 年间,生活污水对太滆运河的贡献比例在逐渐下降,而化肥和工业废水的贡献比例则在上升。具体而言,2013 年 4 月生活污水占比高达 81%,化肥和工业废水合计 16%;至 2013 年 7 月,生活污水占比降至 60%,化肥和工业废水增至 36%;到了 2013 年 11 月,生活污水占比进一步降至 50%,化肥和工业废水则升至 46%;最后在 2014 年 8 月,生活污水占比稳定在 56%,化肥和工业废水占43%。整个分析期内,雨水贡献的比重较小,维持在 1%～4% 之间。这些变化反映了太滆运河水体在不同季节和水文条件下,氮污染源的分布和变化趋势。

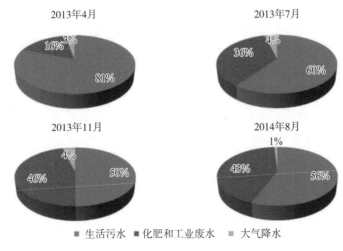

图 3-3 太湖运河整体氮污染源来源比例

3.2 营养物污染生物法溯源解析

3.2.1 生物法溯源技术原理

动物及人类粪便进入水体后,不仅会增加水体氮磷含量,造成富营养化,并且会带入粪便中的可能致病菌,引发水体传播,从而对生活饮用水安全造成威胁。粪便污染的潜在污染源种类多样,包括污水处理厂溢流、畜禽养殖废水、施肥农田地表径流以及一些野生动物排出的粪便等。通常利用检测水中粪便指示微生物的存在情况来评价某一水体的质量,常见的指示微生物有耐热大肠菌群、大肠杆菌和肠球菌等,但这些指示微生物都不具备源辨别性。由于缺乏对粪便污染源的准确定位,导致治理只能停留在"见污治污"的阶段,这大大增加了治理成本。

动物排泄的粪便中含有大量具有宿主特异性的肠道微生物,以及动物自然脱落的肠道细胞。通过检测粪便污染水体中具有物种(宿主)特异性的分子标记物,可以判断粪便污染的来源,基于此,研究人员开发了粪便污染生物法溯源技术。筛选微生物宿主特异性生物标记的广泛研究始于 20 世纪 80 年代,研究者提出污染指示微生物不仅应具备能够提供样本是否受到生物源污染的信息,而且能够提供有效区分不同生物源污染的信息,如人源特异的双歧杆菌(*Bifidobacterium*)和野生动物源的嗜粪红球菌(*Rhodococcus coprophilus*)等。随着研究的不断深入,拟杆菌(*Bacteroides* spp.)在众多的候选指示菌中受到了更多的关注,并成为定量化溯源研究的主要指示微生物。Bernhard 和 Field 最先在微生物溯源技术中利用了拟杆菌特异性生物标记。目前针对人、鸡、狗、加拿大雁、马、反刍动物和猪粪便的溯源方法已经先后建立并被应用到实际的水环境监测中。王显贵等建立了实时定量 PCR(RT-qPCR,实时荧光定量聚合酶链反应)检测模拟水体中猪源拟杆菌特异性生物标记的方法,以宿主特异性引物定量识别检测水体中猪源拟杆菌 16S rRNA 基因拷贝数,从而确定猪源拟杆菌污染量,以进一步明确水体受猪场废水污染的程度。此外,研究者发现动物体细胞中的线粒体 DNA(mtDNA)是一种具有种属特异、存在于粪便、易于检测的理想标记物,可用于区分不同粪便的污染源。2005 年,Martellini 等首先利用传统 PCR 和巢式 PCR 方法检测了水中人、牛、猪和鸡的 mtDNA,此后,针对 mtDNA 设计 RT-qPCR、基因芯片等方法不断发展,并陆续应用到粪便污染溯源中。

本书通过设计检测水体中不同宿主(人、猪、牛、家禽等)的微生物和线粒体标记基因的特异性 PCR 扩增引物,建立非培养生物溯源技术,调查太滆运河入湖水体遭受的主要粪便的污染来源。按照入湖河流等地表径流特点,进行布点和水样采集,并通过 RT-PCR 技术对水环境中标记基因进行定量测定,以分析主要粪便污染的相对负荷。

3.2.2 建立生物标记物溯源方法

(1) 微生物 DNA 和线粒体 DNA 定性溯源方法建立

利用普通 PCR 定性溯源可以快速定位污染水体中粪便来源,研究人和畜禽粪便污染对水体 N、P 负荷的贡献,操作简单且费用低,适用于在实际溯源研究中对潜在污染源进行初筛,为后续的定量溯源打下基础。通过对太滆运河流域的调查,将潜在粪便污染源定为人、牛、羊、猪、鸡。选择这些生物的肠道微生物及线粒体 DNA 作为源特异性标记物,针对不同的 DNA 设计特异性引物进行PCR 扩增,达到定性溯源的目的。引物序列如表 3-4 所示。

表 3-4　PCR 引物序列及扩增产物

线粒体溯源

宿主	引物	扩增产物(bp)
人	S−Hm−F:5′−AGCCCTTCTAAACGCTAATCCAAGCCT−3′ S−Hm−R:5′−CTTGTCAGGGAGGTAGCGATGAGA−3′	659
牛	S−Bm−F:5′−ACATACCCTTGATTGGACTAGCAT−3′ S−Bm−R:5′−ATCACTACCCCTCAAACGCCTTCAAG−3′	934

续表

线粒体溯源		
羊	S—Sm—F:5'—GACAACCCCGATTTCCAACCCTCAT—3' S—Sm—R:5'—CACGATCCTCATTAGTACAACCTTAC—3'	506
鸡	S—Cm—F:5'—ACCCTATTTGACTCCCTCAA—3' S—Cm—R:5'—ATGTCGACCAGGGGTTTATG—3'	565
猪	S—Pm—F:5'—GGCCACATTAGCACTACTCAACATC—3' S—Pm—R:5'—AGATCCGATGATTACGTGCAAC—3'	789

微生物溯源		
宿主	引物	扩增产物(bp)
人	Hum—BacF:5'—CATCGTTCGTCAGCAGTAACA—3' Hum—BacR:5'—CCAAGAAAAAGGGACAGTGG—3'	63
牛	CowM3F:5'—CCTCTAATGGAAAATGGATGGTATCT—3' CowM3R:5'—CCATACTTCGCCTGCTAATACCTT—3'	122
猪	Pig—Bac41:5'—GCATGAATTTAGCTTGCTAAATTTGAT—3' Pig—Bac163Rm:5'—ACCTCATACGGTATTAATCCGC—3'	116
全体	AllBac296F:5'—GAGAGGAAGGTCCCCCAC—3' AllBac467R:5'—CGCTACTTGGCTGGTTCAG—3'	106

利用特异性引物对粪便 DNA 样品进行 PCR 扩增,通过琼脂糖凝胶电泳确定产物。结果如图 3-6(A)所示:1—4 是运用 Hum—Bac 引物扩增人粪便总 DNA,目标产物片段为 63 bp,得到的 PCR 扩增产物是目标片段;5—6 是运用 AllBac 引物扩增人粪便总 DNA,目标产物片段为 106 bp,得到的 PCR 扩增产物是目标片段。如图 3-6(B)所示,1—4 是运用 Pig—Bac 引物扩增猪粪便总 DNA,目标产物片段为 116 bp,得到的 PCR 扩增产物是目标片段;5—6 是运用 CowM3 引物扩增牛粪便总 DNA,目标产物片段为 122 bp,得到的 PCR 扩增产物是目标片段。

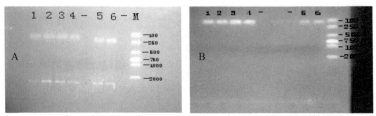

(A)M 为 marker,1—4 为 Hum—Bac,5—6 为 AllBac,"—"为阴性对照;
(B)1—4 为 Pig—Bac,5—6 为 CowM3,"—"为阴性对照。

图 3-6 引物扩增结果

利用不同物种血清 DNA 验证各物种线粒体 DNA 引物的特异性,结果如图

3-7 所示:设计的 5 对引物均能特异性地扩增目标物种的线粒体 DNA,不同物种之间不存在非特异性扩增。

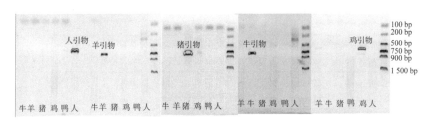

图 3-7　引物特异性检测

(2) 微生物 DNA 和线粒体 DNA 定量溯源方法建立

分子克隆和质粒提取:对取得的 PCR 产物进行纯化,将纯化的 PCR 产物连接至 pMD19－T vector 克隆载体,导入大肠杆菌受体细胞后恒温培养,挑取阳性克隆子,富集培养后提取质粒进行分子克隆实验,得到了含有目标 DNA 序列的质粒。经测序验证,序列正确,提取质粒,为之后进行的定量分析进行准备。

RT-qPCR 标准曲线(以下简称标曲)的建立:利用公式(3-4)将质粒浓度(ng/μL)转化为质粒拷贝数(copies/μL)。

$$A = C \times 6.02 \times 10^{23} / [(M+N) \times 10^9] \tag{3-4}$$

其中,A 为拷贝数(copies/μL);C 为质粒浓度(ng/μL);M 为载体长度(bp);N 为扩增片段长度(bp)。

利用已知浓度梯度稀释的质粒($10^2 \sim 10^8$)建立标曲,RT-qPCR 反应体系为 20 μL,其中 Taqman Gene Master Mix(基因预混液)10 μL,正反引物各 0.3 μL (0.15 μM),Taqman 探针 0.3 μL(0.15 μM),dd H_2O(双蒸水)5.1 μL,模板 DNA 4 μL。反应条件为:95 ℃下持续 10 min,接着按 95 ℃ 10 s—60 ℃ 15 s—72 ℃ 20 s 的步骤循环 40 次。其中,人、猪、鸡线粒体 DNA 标曲如图 3-8 所示。

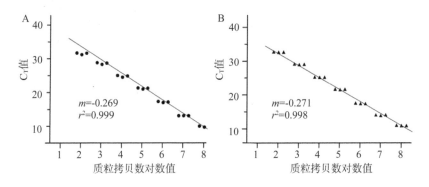

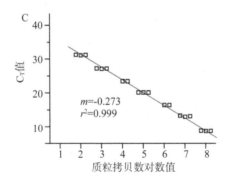

$$m=-0.273$$
$$r^2=0.999$$

图 3-8　人(A)、猪(B)、鸡(C)线粒体 DNA 标曲

3.2.3　生物溯源技术在太滆运河流域的应用

（1）太滆运河采样点分布与样品采集

沿太滆运河主河道共布置 15 个采样点,采集河道表层水,并提取河水样品的总 DNA 用于后续生物分子标记物检测。采样点位置如图 3-2 所示。

（2）河水样品营养物污染定性溯源

首先利用微生物 DNA 特异性引物对太滆运河水样进行 PCR 定性检测,结果如图 3-9 所示。可以看到此条河流部分位置水样中检测出了猪粪的特异性微生物 DNA,表明这些河段受到了猪粪的污染。

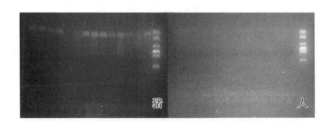

图 3-9　宿主特异性微生物 DNA 定性检测结果

此外,利用线粒体 DNA 特异性引物对水样进行 PCR 检测,结果显示水样中并未检测到牛、羊线粒体 DNA(图 3-10),表明水体中这两种污染可能较轻,浓度低于 PCR 方法的检测下限。但部分水样中检测到了人线粒体 DNA(见后续定量 PCR 分析),表明水体中存在一定程度的人类粪便污染。

（3）环境样品营养物污染定量溯源

微生物定性溯源的结果显示,部分样品被检测出受到猪粪便污染,故进一步对不同采样点的猪粪便污染程度进行定量分析。实时定量 PCR 实验结果如图

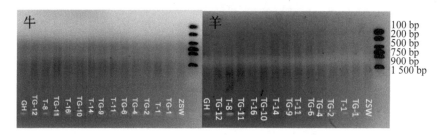

图 3-10　牛、羊线粒体 DNA 定性检测结果

3-11 所示,可以看出,不同采样点的污染程度出现季节性变化,在 2、3 月份,采样点 T-14、T-11、TG-6 等区域污染相对较重;4—6 月中,采样点 TG-10 和 TG-11 处相对污染较重;下半年,太滆运河中污染较严重的采样点有 T-16、T-18、TG-12、TG-9 和 TG-2 等。在某些月份中,ZSW 处也出现了相对较严重的污染。

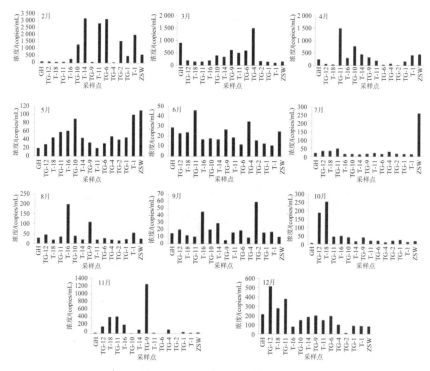

图 3-11　太滆运河 11 批样品的猪粪污染定量 PCR 检测结果

　　由于线粒体 DNA 定性溯源检测到太滆运河水体中存在人类粪便污染,故进一步进行人线粒体 DNA 的定量检测,以确定人粪污染的程度。定量溯源的结果显示,太滆运河水体中存在人粪污染,这与定性溯源结果一致,但污染程度较低,多数水样中的含量接近方法检测限。从图 3-12 中可以看出,采样点 T-18、TG-12、T-16、T-11 以及 TG-2 处水体中人线粒体 DNA 含量相对较高,表明这些区域的人粪污染相对较重。与微生物溯源结果类似,水样中线粒体 DNA 的含量同样存在季节性变化。冬季(11 月、1 月)水体中线粒体 DNA 含量较高,夏季(7 月)较低,这可能是由于线粒体 DNA 在水中的降解导致的。

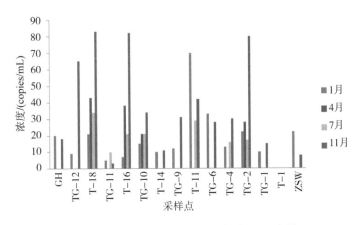

图 3-12 太滆运河水样中人线粒体 DNA 含量

3.2.4 DNA 标记物衰减实验模拟及影响因素分析

由于 DNA 分子进入环境后都会存在一定的降解,导致其在环境样品中的丰度较之原始粪便有非常显著的差别。环境因素如温度、光照、微生物等均可对 DNA 分子标记物的衰减产生影响。通过实验室模拟和野外实验等方法,依据不同环境和不同时间段的 DNA 分子标记物丰度变化,结合 Cerf 衰减动力学模型,可考察 DNA 分子标记物在水环境中的衰减规律。模型公式如下:

$$C_{(t)} = C_0 \times [f \times e^{-k_1 t} + (1-f) \times e^{-k_2 t}] \tag{3-5}$$

其中,$C_{(t)}$:t 时线粒体 DNA 浓度;C_0:线粒体 DNA 初始浓度;k_1:第一阶段衰减率;k_2:第二阶段衰减率;f:第一阶段衰减比例。

(1)温度和光照的影响

在实验室模拟不同温度和光照下线粒体 DNA 分子标记物的衰减情形,采用 RT-qPCR 检测线粒体 DNA 丰度,结果显示,在不同温度(8 ℃、20 ℃ 和 30 ℃)的暗处环境中,人、猪、鸡线粒体 DNA 标记物的拷贝数均呈现双相衰减趋势(图 3-13)。例如在 20 ℃ 黑暗条件下,猪线粒体 DNA 拷贝数在最初 7 天内减少了1.59个对数,鸡线粒体DNA减少了2.13个对数,而从第7天到第21天,二者的数量仅分别下降0.47和0.89个对数。对于人线粒体DNA,其拷贝数在最初4天内减少了0.67个对数,从第4天到第21天减少了0.39个对数。

对比不同温度下的线粒体DNA降解速率(表3-5)可以发现,较高的温度可以加速线粒体DNA标记物的降解。例如,在最后一天的采样中,30℃下人线粒体DNA标记物的拷贝数显著低于8℃。在8℃下,人线粒体DNA标记物衰减90%所用的时间T90(13.83天)显著高于20℃(5.25天)和30℃(5.12天)。此外,光照可加速线粒体DNA标记物的降解。例如鸡线粒体DNA标记物的拷贝数在20℃光照下减少了2.96个对数,并在培养4天后几乎变得难以检测;而在20℃黑暗条件下,线粒体DNA标记物到第21天一直可检测到。

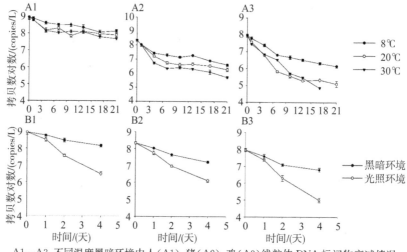

A1—A3:不同温度黑暗环境中人(A1)、猪(A2)、鸡(A3)线粒体DNA标记物衰减情况;
B1—B3:20℃不同光照条件下人(B1)、猪(B2)、鸡(B3)线粒体DNA标记物衰减情况。

图3-13 不同条件下线粒体DNA标记物的衰减曲线

(2) 微生物影响

在未经过滤的河水中,鸡线粒体DNA标记物的降解率高于经过滤(去除了微生物)的河水(图3-14和表3-5)。在最初的7天内,经过滤的水环境中线粒体DNA拷贝数每天下降0.11个对数,在未经过滤的水中为0.19个对数。24天后,二者分别下降了1.91和2.47个对数,T90分别为3.98天和7.95天。

(3) 野外试验

通过野外实验评估河流中线粒体DNA标记物的降解情况(图3-15和表3-5),结果显示,线粒体DNA标记物在夏季或冬季的前6小时内几乎无降解

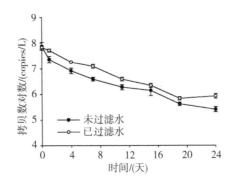

图 3-14 不同水环境中鸡线粒体 DNA 的衰减曲线

（从凌晨0：00 到上午 6：00），拷贝数从上午 6：00 开始降低，在接下来的 12 小时内，夏季观察到了 87%～96% 的拷贝数下降，而冬季观察到了 20%～59% 的下降。在夏季，线粒体 DNA 标记物第一天的平均降解率约为 1.59～1.97 个对数/天，经过 2 天后几乎难以检测，特别是鸡线粒体 DNA 标记物。在冬季，线粒体 DNA 标记物在河流中保持了超过 7 天，平均降解率仅为 0.18～0.24 个对数/天。相应地，T90 值在夏季为 0.6～0.75 天，冬季为 1.76～4.13 天。

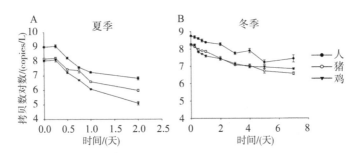

图 3-15 不同季节线粒体 DNA 在真实河流中的衰减曲线

表 3-5 不同条件下线粒体 DNA 标记物的第一阶段和第二阶段衰减率、

拟合优度及 T90 值

实验组	t' (d)	k_1 (d^{-1})	R^2	k_2 (d^{-1})	R^2	T_{90} (d)
人						
8 ℃	4	0.19±0.09	0.94±0.10	0.07±0.02	0.88±0.08	13.83±6.16
20 ℃	4	0.44±0.10	0.98±0.03	0.04±0.02	0.34±0.16	5.25±1.24
30 ℃	4	0.45±0.15	0.98±0.04	0.06±0.01	0.80±0.07	5.12±1.72

续表

实验组	t' (d)	k_1 (d^{-1})	R^2	k_2 (d^{-1})	R^2	T_{90} (d)
光照(20 ℃)	ND	1.12±0.20	0.99±0.01	—	—	2.09±0.35
夏季	ND	3.67±0.17	0.99±0.01	—	—	0.63±0.03
冬季	3	0.59±0.16	0.95±0.03	0.45±0.14	0.79±0.06	4.13±0.20
猪						
8 ℃	7	0.30±0.02	0.99±0.01	0.10±0.02	0.95±0.02	7.59±0.46
20 ℃	7	0.68±0.07	0.99±0.01	0.07±0.01	0.88±0.08	3.41±0.35
30 ℃	7	0.75±0.07	0.99±0.01	0.06±0.02	0.73±0.09	3.08±0.28
光照(20 ℃)	ND	1.37±0.16	0.99±0.01	—	—	1.70±0.22
夏季	ND	3.20±0.26	0.99±0.01	—	—	0.72±0.06
冬季	3	0.77±0.04	0.98±0.02	0.33±0.08	0.93±0.02	3.01±0.16
鸡						
8 ℃	7	0.36±0.02	0.99±0.01	0.11±0.01	0.98±0.01	6.67±0.28
20 ℃	7	0.87±0.04	0.99±0.01	0.16±0.04	0.87±0.09	2.65±0.12
30 ℃	7	1.15±0.12	0.99±0.01	0.57±0.01	0.99±0.01	2.03±0.21
光照(20 ℃)	ND	1.43±0.07	0.98±0.01	—	—	1.62±0.08
过滤(20 ℃)	7	0.29±0.01	0.99±0.01	0.26±0.02	0.99±0.01	7.95±0.10
未过滤(20 ℃)	7	0.60±0.17	0.95±0.02	0.20±0.01	0.92±0.02	3.98±1.13
夏季	ND	3.87±0.36	0.99±0.01	—	—	0.60±0.06
冬季	3	1.32±0.17	0.98±0.01	0.21±0.10	0.66±0.21	1.76±0.21

注：①ND指"未确定"；②t'代表第一阶段衰减结束时间。

3.2.5　两种生物溯源方法的比较及其与同位素溯源的关系

（1）两种生物溯源法比较

相同点：两种生物溯源方法都是利用生物大分子 DNA 作为粪便污染的标记物，由于 DNA 链会在各种环境因素作用下降解，使得这两种生物溯源方法都存在一定的时效性，定量时标记物含量会随着时间逐渐降低。

不同点：同等粪便污染程度下，水体中微生物 DNA 的含量通常比线粒体 DNA 高，这是由于肠道中含有数量巨大的肠道微生物，因此微生物 DNA 溯源方法具有更高的灵敏度，更适用于水体粪便污染程度较轻时的溯源。而相比于微生物 DNA，线粒体 DNA 具有更高的宿主特异性，在受复合粪便污染的水体中(同时存在多种粪便污染),线粒体 DNA 溯源方法能够更准确地区分不同粪便来源,防止出现假阳性结果。

(2) 生物法溯源与同位素溯源的关系

同位素溯源将水体营养盐来源分为四大类,即生活污水、化肥和工业废水、雨水、土壤和沉积物,涵盖范围广,但在生活污水上不能将人类生活污水和畜禽养殖废水加以区分。微生物和线粒体 DNA 溯源方法能够在生物种属级别上针对不同粪便污染进行更加精确的溯源,可以作为同位素溯源的补充,并且在一定程度上验证同位素溯源的结果。

第四章

营养物面源污染空间集成溯源分析

太滆运河流域示范区范围涉及 52 个行政村,有大量种植、养殖业生产活动,还有大量私营工业企业分布其中,水污染来源复杂。黄埝桥水文站是太滆运河下游的主要监测站,当监测数据显示水体污染物浓度超标时,需要快速定位到具体污染源并采取措施,控制污染事态,防止污染范围扩大。这是水污染管理向更高水平发展的必然需求。基于地理空间位置关系和社会经济生产信息的水污染溯源分析技术及其集成信息平台,可为污染来源追溯提供可操作的空间信息化支持。

4.1　面源污染空间集成溯源概述

传统河流污染溯源主要通过水体采样、实验室分析和排污口排查(污染普查)完成。在信息化、物联网和地理信息技术的支持下,现代计算机网络数据集成、实时/准实时监测信息聚合和空间位置关系能够为水体污染物溯源提供新的方式,提高水环境管理水平和污染事件响应的速度和准确度,促进效率提升,减少工作流程。(见图 4-1)

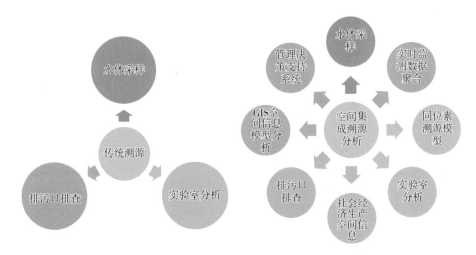

图 4-1　传统溯源与空间集成溯源对比

空间集成溯源分析的核心理念是以空间分析为中心,实现两个集成和三个应用,即"一中心二集成三应用"。

（1）空间分析模型实现

通过空间位置关系建模,将水系及其汇水区域与重点点源、空间面源图斑等建立空间关系,并形成超越传统流域、水功能区和行政区划的"标准管理格网",

将面源、点源的空间粒度标准化,将监测站点触发的污染事件在空间面源溯源上面域概率化,在此基础上实现面源污染的点源化监测、分析评价和管理。

（2）两项集成

数据集成:空间集成溯源分析集成了水网关系、土地覆被和土地利用、行政区划、重点污染点源等空间信息,以及社会经济统计、实时监测站监测、采样分析结果等非空间信息,并将其彼此集成,挖掘信息间相互关系的价值。

技术成果集成:软件集成了容量总量分析模型、同位素溯源分析模型、污染消减措施最优配套模型,并进行了集成应用。

（3）三项应用

日常监测应用:实现基本的监测信息获取、维护、更新、查看、可视化和报表功能。

风险应急应用:在污染事件发生时快速进行溯源分析,帮助定位污染源。

管控治理方案决策应用:通过容量总量、监测量、最优方案组合等模型和信息,为管控治理方案的设计和决策提供支持。

空间集成溯源分析以流域水文和污染物传输-消减过程模型与相关基底数据为依托,以动态监测数据为基本操作输入数据,对污染源的空间范围及其污染负荷进行判断,从而追溯污染源。分析根据流域河网上多个断面的连续监测数据,对某一个时刻的污染物通量或某一时段内的污染物总量进行反演。根据河网上下游关系、流量、浓度和流速,计算对应水体流经上游监测断面的时间,并比较污染物浓度、通量数值,再通过对两个断面之间水体相关点源、面源的提取,根据实时排污监测数据,结合气象、土地利用信息,判断污染来源并比较不同污染源的污染物排放量。流程如图 4-2 所示。

图 4-2 营养物溯源流程

4.2 模型软件建设内容

空间集成溯源模型软件技术路线如图 4-3 所示。

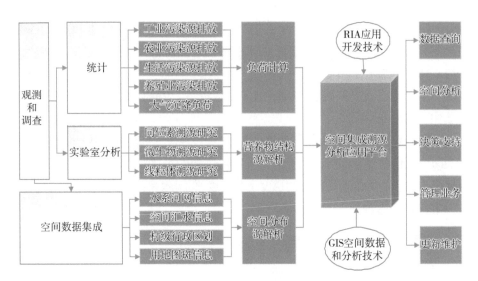

图 4-3　溯源模型软件技术路线

（1）污染现状调研

通过与示范区所在地环保局、农林局等部门沟通，了解示范区农业面源（包括种植业、畜牧养殖业、水产养殖业）的分布、规模及污染物排放等基本情况，获取关于生活源、工业点源以及干湿沉降等污染源普查基础资料。采用面源污染研究所常用的排放系数法对生活污染源、农业污染源和地表径流进行测算，排入城镇污水处理厂的生活污水按照污水处理厂处理后水质进行估算，在工业污染源排放中予以考虑。在示范区内设置干湿沉降采样点，每月进行营养物沉降通量分析。统计示范区内各类营养物排放量，同时对已有污染源资料中的排放状况进行整理，并进行现场实地调查。

（2）构建同位素值示踪库，建立同位素溯源方法

根据污染现状调研结果，确定潜在污染源包含了化肥与工业废水、生活污水与畜禽粪便、大气湿沉降等，建立污染源端元混合模型和同位素值示踪库，通过计算分析研究区域主要氮、磷营养盐污染源以及不同污染源的贡献比例。

（3）针对粪便污染情况建立生物溯源方法

在同位素示踪技术确定了流域存在粪便污染之后，设计不同宿主肠道微生物标记基因的特异性 PCR 产物，包括：人、猪、牛和家禽肠道内拟杆菌（*Bacteroides*）的各自特异性 16S rRNA 引物，人肠道中拟杆菌的甘露聚糖酶（*Mannanase*）特异性基因引物或探针，及家禽粪便中短杆菌（*Brevibacterium*）的特异性 16S rRNA 引物。建立标记基因的定性 PCR 和实时定量 PCR 方法，分析水体中污染粪便的宿主类型和相对丰度。同时，以人类和动物细胞线粒体

DNA 为标记物,设计物种特异性引物,建立以物种特异性线粒体 DNA 为检测对象的定性和定量溯源方法,分析水体中污染粪便的来源和相对丰度,与微生物溯源技术相互补充和验证。

（4）构建与集成流域水环境基础信息数据库,识别研究面源污染点源化营养物主要控制单元

在信息化、物联网和地理信息技术的支持下,现代计算机网络数据集成、实时/准实时监测信息聚合和空间位置关系可以提供新的水体污染物溯源方式,提高水环境管理水平和污染事件响应的速度和准确度,促进效率提升,减少工作流程。

软件建设内容架构如图 4-4 所示。

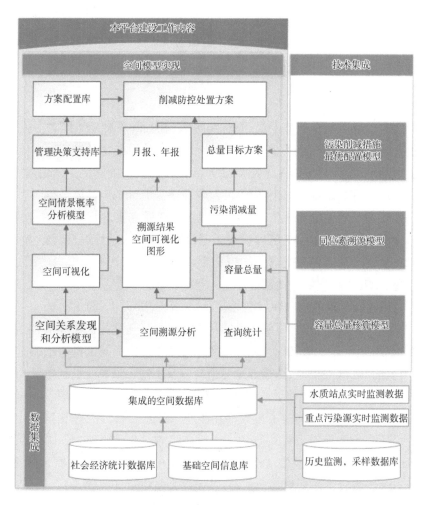

图 4-4 软件建设内容架构

软件由空间数据集成驱动,将所有信息通过空间位置信息集成到空间,并形成集成的空间数据库,这为后续溯源分析、空间查询统计、空间可视化和交互提供了统一的空间信息平台。地理空间计算和信息处理成为所有操作的核心,污染浓度监测、排放量估计、河流汇流等过程均随空间位置和空间过程发生变化,使得通过空间逻辑进行污染源溯源成为可能。

在溯源分析过程中,软件集成容量总量核算模型、同位素溯源模型的成果,分别对各站点的允许量、当前量、超标量进行评价,并沿河段依次回溯到上级支流,依据所掌握的所有相关信息,确定污染相关的目标河段集,并在此基础上通过汇水空间关系确定可能的污染源空间范围,寻找范围内超标污染物的发生源。同位素溯源模型提供了可能的污染源类型,在此基础上进一步筛选潜在污染空间范围,缩小溯源目标范围。

4.3 空间集成溯源分析主要数据和过程

4.3.1 空间集成溯源分析主要数据资料

空间集成溯源分析采用多组关键数据集进行:

(1)水系河网信息:简化模型,河段间首尾相连,有固定流向,多向交汇处按固定比例分配水量和污染物。

(2)空间汇水区信息:按河段划分示范区为汇水区,面源污染直接汇入所属河段。

(3)村级行政区划与用地图斑:结合行政区划信息和用地图斑,确定不同区域的面源污染总量和分布。

(4)点源信息:涵盖点源位置、类型、排放量,明确汇入河段,为污染源定位提供基础(如图 4-6)。

(5)监测与采样信息:集成监测站点历史数据和采样信息,作为溯源分析的参考和核算基础,实时信息用于触发溯源操作和目标河段筛选。

(6)规则管理格网:采用 2 km×2 km 规则格网,打破行政区划和流域界限,与河段、用地图斑、点源关联,直观展示溯源结果和排放量信息,支持统一的面源污染监控、评估和治理(如图 4-7)。

空间集成溯源分析主要使用以下几组数据集开展。

i. 水系河网信息:示范区范围内的水系河网信息,按河段进行组织,河段与河段间仅能在首末端相连,为简单起见,河段具有确定的流向,在多个多向河段交汇处,水量按确定比例分配,污染物随水量分配进行分配。

　　ii. 空间汇水区信息:将整个示范区空间按照不同河段分割为各个河段所属的汇水区,在汇水区内的面源污染将汇入该河段。

　　iii. 村级行政区划信息:通过村级行政区划和统计信息,核算不同行政区划的面源发生总量,以此再结合下述不同类型用地图斑的位置,确定不同空间位置的发生量。

　　iv. 用地图斑信息:在面源发生过程上,本溯源分析以空间用地图斑作为面源的空间实体。不同用地类型对应不同的生产生活活动,并通过各行政区划不同的空间分布密度和产排污系数产生发生量和入河量(如图 4-5)。

　　v. (重点)点源信息:示范区范围内的点源信息,包括点源的位置、类型、典型排放量(允许排放量)并能获取实时排放量。点源同时在某一个河段上具有明确的汇入位置,为寻找某一部分河段对应的潜在污染源提供了可能(如图 4-6)。

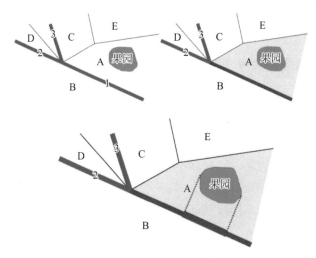

图 4-5　通过确定用地图斑关联汇水区来确定其对应的污染河段

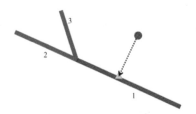

图 4-6　通过确认污染点源排放口位置获得其与污染河段对应关系

　　vi. 监测站点信息和采样点信息:软件集成了示范区内监测站点的历史信息,

以及采样站点的采样信息,为溯源分析提供可供参考的基底值,并提供容量总量核算模型使用。站点实时监测信息作为溯源操作的触发器和溯源目标河段的筛选器存在,同时作为污染物超标量核算的基础,是溯源操作必须的关键数据。

vii. 规则可比管理格网:将整个空间按 2 km×2 km 划分为若干相同大小的规则格网(图 4-7)。格网打破行政区划和河流流域的界限,但通过空间关系同时与其两者及用地图斑、点源建立联系,在溯源过程中,在目标河段所涉及的空间范围内,以等大小格网的形式展现溯源的空间情景概率分析结果及其基础总排放量、目标排放量、点源排放量和面源估计排放量等不同信息,具有直观、可比的优势。除此之外,管理格网空间污染物溯源概率的确定使针对确定格网能够以更统一的方式对其中面源污染进行监控、评估和治理,符合城市与社会空间网格化管理的趋势。

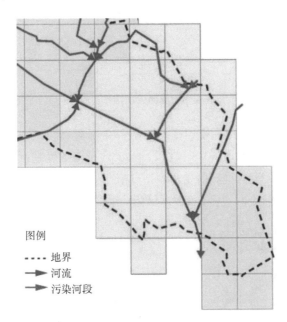

图 4-7 将空间通过规则格网划分为各个管理网格

4.3.2 溯源关键过程和结果

空间集成溯源分析流程简述如下:

首先,通过 GIS 系统进行数据预处理,确保数据集能在无需 GIS 的 Web 平台上操作。预处理后的数据以 XML 文档形式存储,包含图形、属性和空间关系,便于分析程序识别和处理。

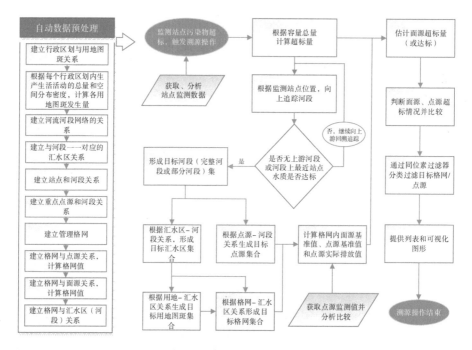

图 4-8　溯源分析操作过程

溯源结果以数据表和可视化图形展示,涵盖河段、点源及管理格网三部分。

(1)追溯污染来源河段:基于监测数据,确定污染浓度超标发生的河段,如图4-9红色部分所示。溯源准确性受监测站点密度和河流组织影响。在复杂外源汇入时,若无监测数据,则假设污染非外源产生,并在当前范围内继续寻找污染源。

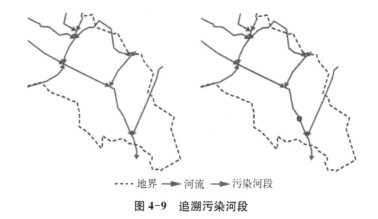

- - - - 地界　　河流　　污染河段

图 4-9　追溯污染河段

(2)追溯污染来源空间范围及点源:根据污染河段,追踪汇水区并获取点源信息(如图4-10)。通过点源排放量与基准值对比,判断其对超标事件的贡献程度,并以渐变色图展示排放量大小,辅助用户判断。在具备同位素信息时,可进一步判定或排除潜在污染点源。

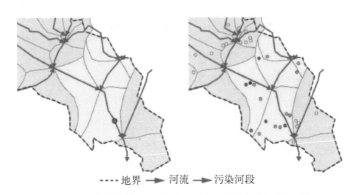

····· 地界 ➡ 河流 ➡ 污染河段

图 4-10　确定污染河段对应汇水区和其中点源排放情况

(3) 管理网格分析与可视化:管理格网集成了点源、面源的基准和当前排放量信息。通过计算格网内排放量并可视化(如图4-11),直观展示不同格网间污染物汇总量对比,帮助用户解读污染源空间分布特征,实现空间溯源。例如,深色格网表示氨氮排放量较高,是重点防控区域。

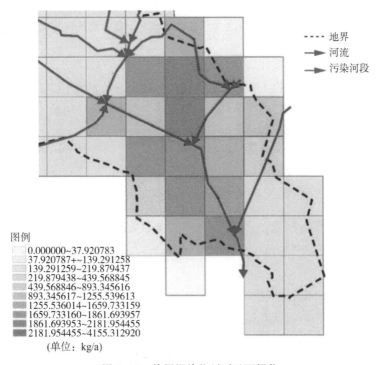

····· 地界

➡ 河流

➡ 污染河段

图例
　　□ 0.000000~37.920783
　　□ 37.920787+~139.291258
　　■ 139.291259~219.879437
　　■ 219.879438~439.568845
　　■ 439.568846~893.345616
　　■ 893.345617~1255.539613
　　■ 1255.536014~1659.733159
　　■ 1659.733160~1861.693957
　　■ 1861.693953~2181.954455
　　■ 2181.954455~4155.312920

(单位: kg/a)

图 4-11　格网污染物(氨氮)可视化

4.3.3　基于面源污染点源化的控制单元识别

（1）面源污染点源化控制单元设定

面源污染点源化关键在于实时、多频次监测和借鉴点源污染治理策略。控制单元划定需遵循空间尺度、管理性、数量基准统一、计算规则一致等原则，以反映汇水区自然属性和行政区划管理属性。

（2）网格化面源污染控制单元的空间数据集成

采用 2 km×2 km 的格网作为控制单元，实现面源污染点源化的实践。通过软件支持，实时估计空间面源排放量，观察其时间变化规律和趋势。管理格网直接应用于组织管理，集成格网内点源、面源信息，便于识别污染物排放强度格局。网格打破行政和流域界限，但保持空间关系联系，直观展示溯源信息和污染物排放量，促进监控、评估和治理的统一管理（如图 4-12）。

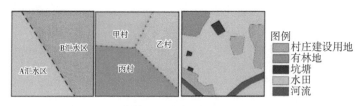

图 4-12　管理网格集成空间汇水区信息、村级行政区划信息与用地图斑信息

（3）网格化面源污染控制单元划分

通过 96 个网格化控制单元覆盖研究区，如图 4-13 所示，实现面源污染的有效控制和管理。

4.4　空间集成溯源技术特色和效果

4.4.1　空间集成溯源技术特色

空间集成溯源分析通过多层空间信息、统计信息和多种模型的结合，能够提供更丰富、更具有参考价值的溯源结果，其分析应用结合应用要求进行了深度开发，具有以下特色。

（1）充分空间化的溯源

软件以空间全覆盖的用地图斑作为污染源实体，以规则可比的管理格网作为空间溯源结果的重要组成部分，实现了溯源逻辑中发生源、空间运输过程关系和溯源结果的真实空间化，同时展现了源分布与溯源结果的完整空间格局，真正

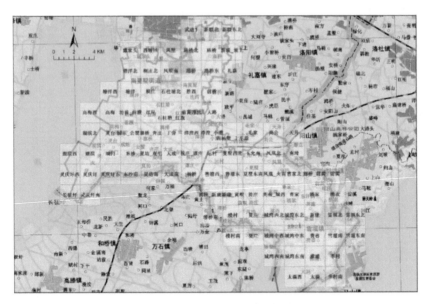

图 4-13　网格化控制单元划分

实现了河流水体污染物的空间溯源。

（2）充分集成数据信息

软件通过空间位置集成流域污染源、污染物运输（河流水系）和监测（采样、站点）信息，同时集成了社会经济信息，信息充分完备。

（3）与相关成果联系紧密

软件同时集成了同位素溯源模型、容量总量核算模型和削减措施优化配置模型的相关成果，并分别将其在溯源过程中和溯源结果上充分应用，紧密的结合带来了较为完整的环境管理流程，体现了信息链充分连接带来的应用价值最大化提升。

（4）部署方便

通过数据预处理，软件可以在数据具有完备 GIS 空间关系的同时脱离 GIS 平台运行，部署方便灵活。

4.4.2　溯源信息软件应用示例

点击监测断面，查看监测信息，以某时刻的某污染物浓度为入口，开始污染溯源分析操作（图 4-14）。

点击站点/断面后，程序弹出监测信息页面如图 4-15。

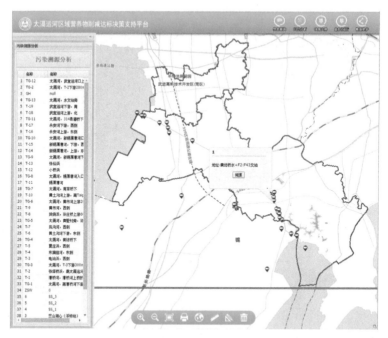

图 4-14　监测断面

河流：TAIGE
站点：黄埝桥水文站

开始时间	截止时间	流量m³/s	COD [mg/L]	NH4-N [mg/L]	TN [mg/L]	TP [mg/L]
2011-04-11 00:00:00	2011-04-12 00:00:00	24.2	9.03	2.46	7.62	0.25
2011-04-12 00:00:00	2011-04-13 00:00:00	16.1	8.38	2.1	9.29	0.2
2011-04-13 00:00:00	2011-04-14 00:00:00	17.6	8.23	2.21	8.24	0.22
2011-04-14 00:00:00	2011-04-15 00:00:00	17.6	7.97	2.27	8.05	0.24
2011-04-15 00:00:00	2011-04-16 00:00:00	19.2	8.36	2.72	8.29	0.2
2011-04-16 00:00:00	2011-04-17 00:00:00	23.5	9.6	3.14	8.17	0.27
2011-04-17 00:00:00	2011-04-18 00:00:00	21.7	10.16	2.6	7.2	0.26
2011-04-18 00:00:00	2011-04-19 00:00:00	24.7	10.63	2.3	6.36	0.27
2011-04-19 00:00:00	2011-04-20 00:00:00	23.7	9.17	2.28	6.85	0.21
2011-04-20 00:00:00	2011-04-21 00:00:00	19	10.03	2.61	8.32	0.28
2011-04-21 00:00:00	2011-04-22 00:00:00	17.7	9.64	2.39	7.91	0.26
2011-04-22 00:00:00	2011-04-23 00:00:00	27.1	9.61	2.44	7.04	0.26
2011-04-23 00:00:00	2011-04-24 00:00:00	22.9	7.58	2.02	8.66	0.24
2011-04-24 00:00:00	2011-04-25 00:00:00	21	10.6	2.02	9.31	0.3

图 4-15　监测信息示例

　　通过页面的"溯源"按钮,选取历史监测数据或获取实时监测数据,便可以对感兴趣的污染物发起溯源。溯源结果以列表形式在页面上反馈,如图 4-16。

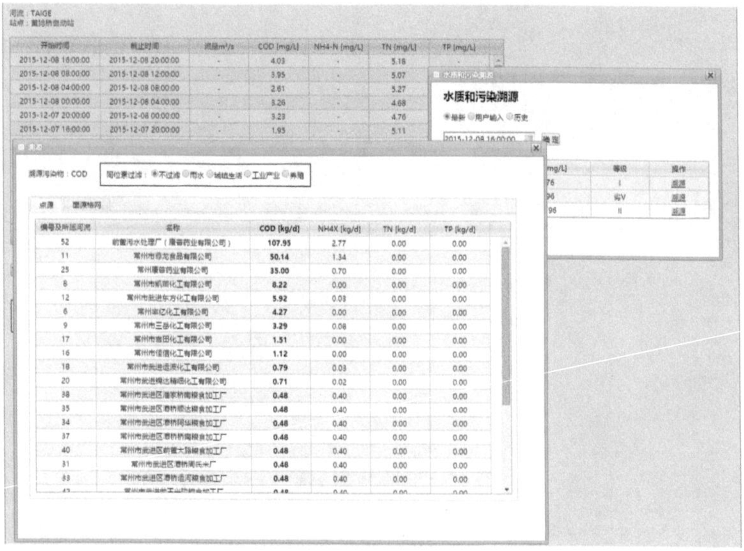

图 4-16　溯源结果示例

观察一些值较大的格网,将其对应到空间图形上。(见图 4-17)

图 4-17　格网与空间图形对应示例

溯源结果可以与其他空间信息叠合,为污染源的空间位置确定提供进一步
参考。(见图 4-18)

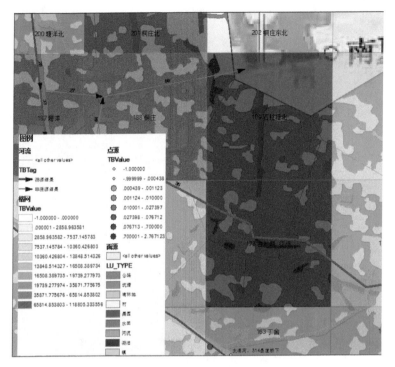

图4-18 溯源结果与其他空间信息叠合示例

4.5 控制单元识别技术应用效果

以示范区2013年水文条件和监测数据为基准(表4-1),按1月为特征枯水月、7月为特征丰水月,根据多断面采样检测数据,分别回溯营养物面源的空间负荷情况,并在控制单元上汇总,展现不同污染物不同水文条件下的空间负荷分布特征。

表4-1 2013年水文条件下入湖污染物逐月通量统计结果 (单位:吨)

河流	污染物通量	月份												合计
		1	2	3	4	5	6	7	8	9	10	11	12	
太滆运河	COD	668.1	856.7	942.1	766.6	934.1	814.3	1 356.6	897.7	667.5	814.3	985.0	752.3	10 455.3
	氨氮	133.0	120.9	122.9	95.3	144.7	153.8	57.2	37.9	39.3	29.3	83.6	67.4	1 085.3
	TN	358.2	312.6	414.3	281.6	369.1	315.3	303.9	270.8	218.9	302.9	335.1	487.0	3 969.7
	TP	12.9	10.6	12.1	7.7	9.3	16.6	15.3	13.7	8.5	8.4	7.9	8.9	131.9

（1）平水期控制单元

如图 4-19～4-22 所示，在平水期，太滆运河流域 COD、氨氮、总氮和总磷污染严重。COD 污染最重的区域为前黄镇和南夏墅街道，其中运村、漳湟、红星和谭庄为重点控制单元。氨氮、总氮和总磷污染最重的区域均为前黄镇、南夏墅街道大部分区域和雪堰村南部，其中雪堰村南部、夏庄、浒庄、城门和红星为重点控制单元。综合四个污染指标，平水期时雪堰村南部、运村、漳湟、红星和夏庄为重点控制单元。

（2）丰水期控制单元

如图 4-23～4-26 所示，在丰水期，太滆运河流域 COD、氨氮、总氮和总磷污染较重。氨氮和总氮污染集中在示范区前黄镇和雪堰镇的雪堰村南部，其中浒庄、夏庄、夹南、凤凰和雪堰村南部污染最重，为重点控制单元。运村、塘洋、墙门、杨桥和漳湟等地 COD 和总氮污染较重，为重点控制单元。综合四个污染指标，丰水期时雪堰村南部、浒庄、夏庄、夹南、凤凰、运村、塘洋、墙门、杨桥和漳湟为重点控制单元。

（3）枯水期控制单元

如图 4-27～4-30 所示，在枯水期，太滆运河流域 COD、氨氮、总氮和总磷污染较大。COD 污染分布范围较广，主要集中在示范区所在的南夏墅街道、前黄镇及雪堰镇的雪堰村南部，其中红星、漳湟、雪堰村南部 COD 污染最重，为重点控制单元。氨氮污染最重的区域为南夏墅街道，港桥等区域为重点控制单元。墙门、灵台、漳湟和雪堰村南部为总氮污染最重的区域，为重点控制单元。墙门、漳湟、前黄和雪堰村南部为总磷污染最重的区域，为重点控制单元。综合四个污染指标，枯水期时红星、漳湟、雪堰村南部、墙门和灵台为重点控制单元。

（4）农村生活横向比较

如图 4-31～4-33 所示，在枯水期，太滆运河流域 COD 污染集中在灵台、夏坊、石柱塘、运村、夏庄和桐庄，这些区域为重点控制单元；在丰水期，污染最重的区域为灵台、夏坊、桐庄和石柱塘，为重点控制单元；平水期时重点控制单元为灵台、运村、新康、夏坊、石柱塘和运村。综合三个时期，可以发现不同时期 COD 污染控制单元的范围是大致一致的，但是整体水平上平水期污染最严重。灵台、夏坊、石柱塘、运村在三个时期皆为重点控制单元。

（5）种植业横向比较

如图 4-34、4-35 所示，太滆运河流域来源于粮油的总氮污染集中在示范区的南夏墅街道和前黄镇。其中枯水期较丰水期污染严重，总体来说，重点控制单元为红星、石柱塘北部、运村、夏庄、桐庄和夏墅。

如图 4-36、4-37 所示，太滆运河流域来源于蔬菜的总氮污染范围较广，集中在示范区的南夏墅街道、前黄镇和雪堰镇。其中丰水期较枯水期污染严重，总体来说，重点控制单元为灵台、桐庄、楼村、夏庄、大成。

（6）养殖业横向比较

如图 4-38~4-39 所示，太滆运河流域来源于养殖业的 COD 污染集中在示范区南夏墅和前黄镇，重点控制单元为前黄镇的谭庄、杨桥、祝庄和漳湟。时间上，丰水期时养殖来源的 COD 污染较枯水期严重。

如图 4-40~4-43 所示，太滆运河流域养殖来源的 COD、氨氮、总氮和总磷污染的重点控制单元略有不同。COD 污染的重点控制单元为坊前、红星、杨桥和漳湟；氨氮的重点控制单元为楼村、夏庄和前黄；总氮污染的重点控制单元为楼村、夏庄、浒庄和漳湟；总磷污染的重点控制单元为红星、坊前、杨桥、祝庄和运村。综合四个污染指标的情况，总体重点控制单元为红星、漳湟、坊前、杨桥、夏庄和浒庄。

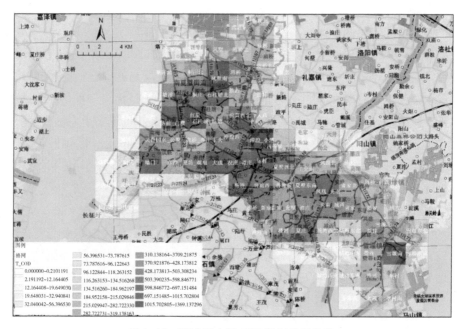

图 4-19　流域平水期 COD 控制单元负荷

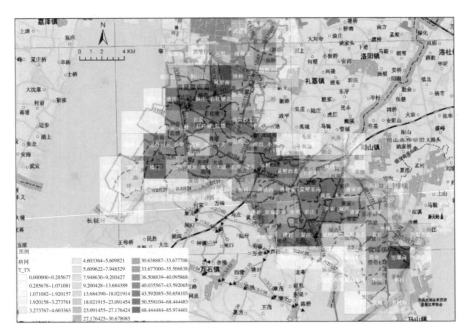

图 4-20　流域平水期氨氮控制单元负荷

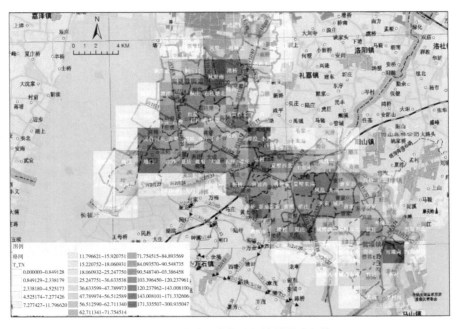

图 4-21　流域平水期总氮控制单元负荷

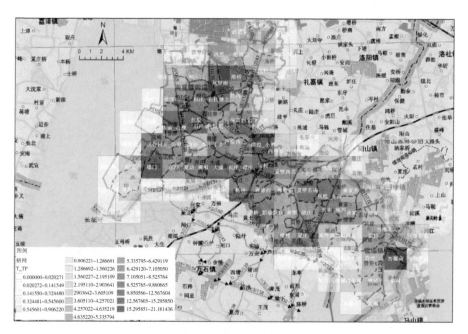

图 4-22　流域平水期总磷控制单元负荷

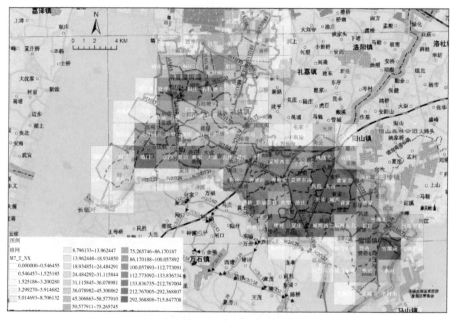

图 4-23　流域丰水期氨氮控制单元负荷

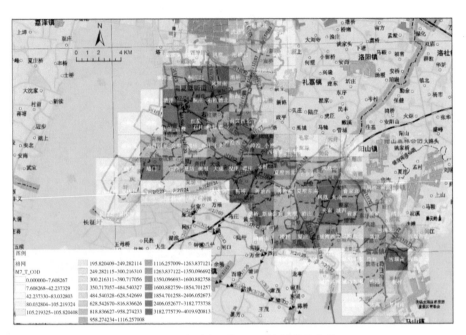

图 4-24　流域丰水期 COD 控制单元负荷

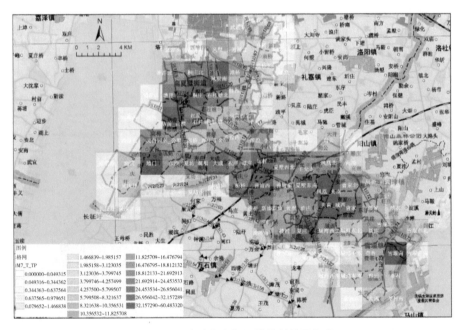

图 4-25　流域丰水期总磷控制单元负荷

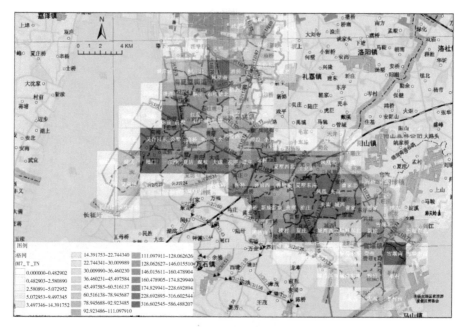

图 4-26 流域丰水期总氮控制单元负荷

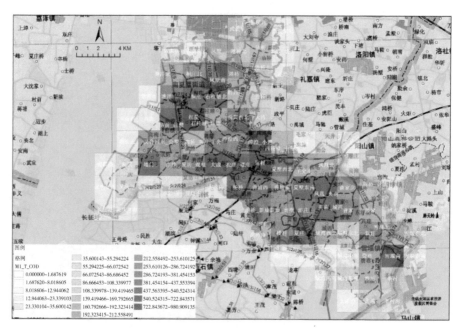

图 4-27 流域枯水期 COD 控制单元负荷

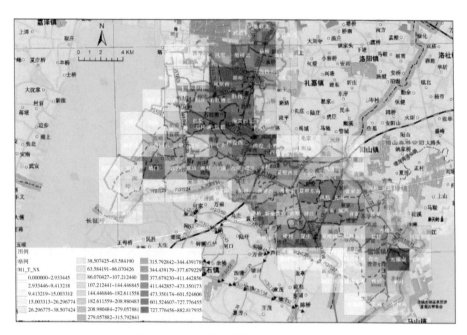

图 4-28　流域枯水期氨氮控制单元负荷

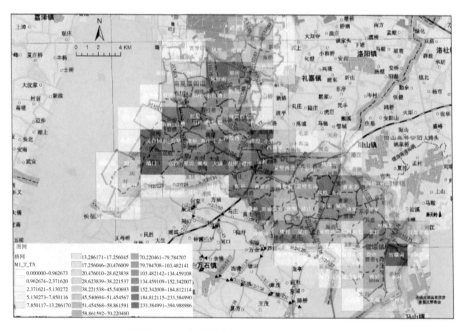

图 4-29　流域枯水期总氮控制单元负荷

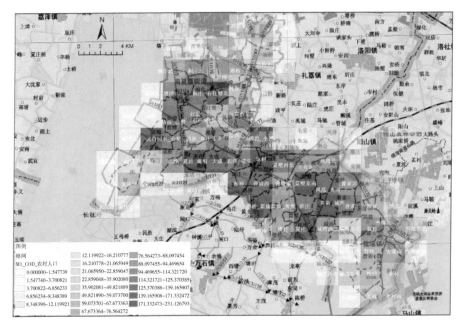

图 4-30　流域枯水期总磷控制单元负荷

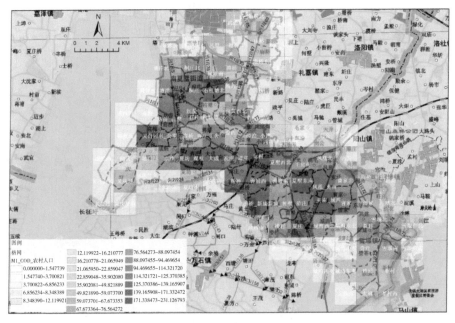

图 4-31　枯水期农村生活的 COD 控制单元负荷

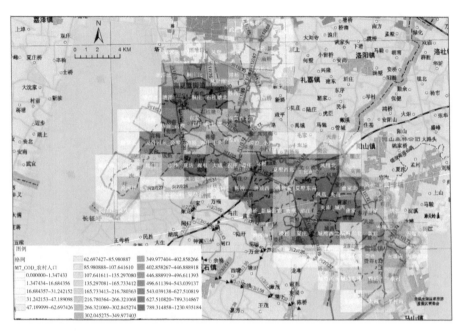

图 4-32　丰水期农村生活的 COD 控制单元负荷

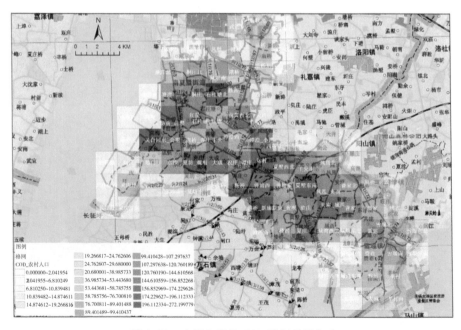

图 4-33　农村生活总 COD 控制单元负荷

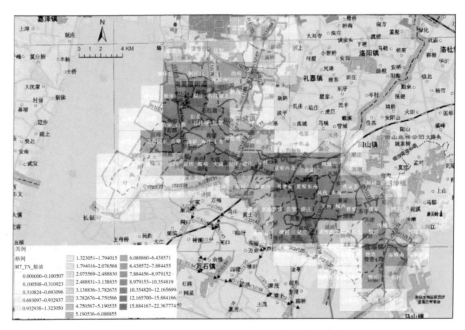

图 4-34　丰水期粮油来源的总氮控制单元负荷

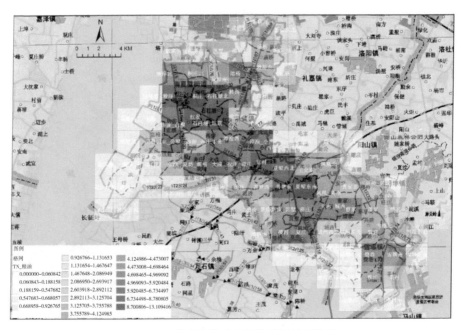

图 4-35　枯水期粮油来源的总氮控制单元

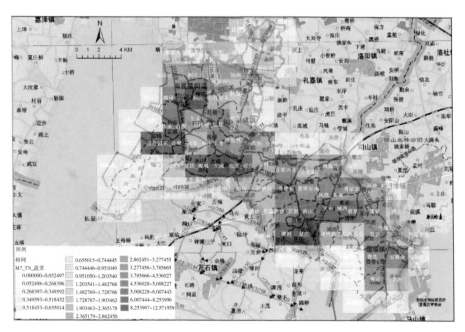

图 4-36　丰水期蔬菜来源的总氮控制单元负荷

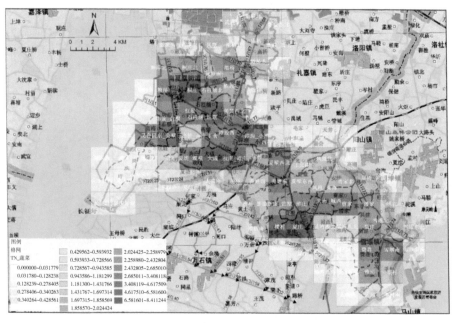

图 4-37　枯水期蔬菜来源的总氮控制单元负荷

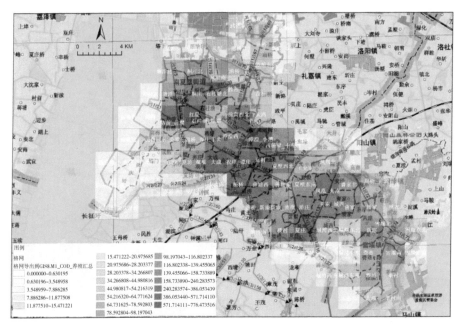

图 4-38　枯水期养殖来源的 COD 控制单元负荷

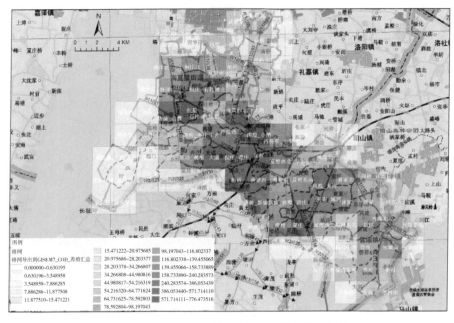

图 4-39　丰水期养殖来源的 COD 控制单元负荷

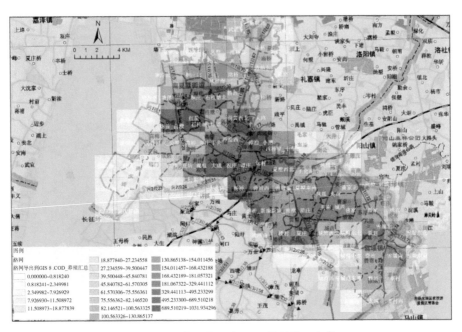

图 4-40　养殖来源的 COD 控制单元负荷

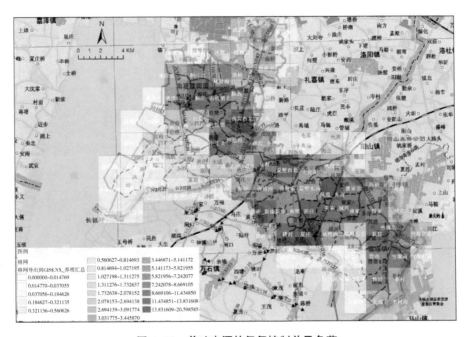

图 4-41　养殖来源的氨氮控制单元负荷

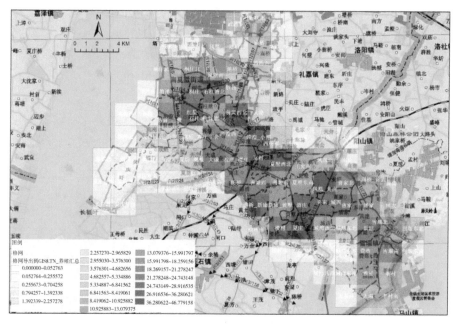

图 4-42　养殖来源的总氮控制单元负荷

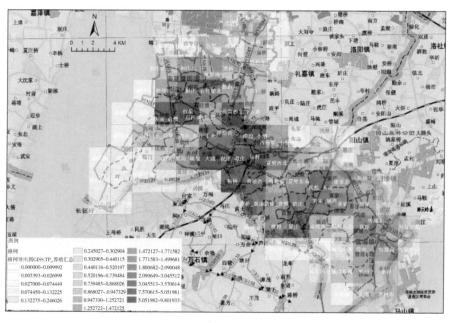

图 4-43　养殖来源的总磷控制单元负荷

第五章

典型区域入湖营养物
传输过程及通量核算

5.1　太滆运河营养盐时空变化特征及赋存形态分析

5.1.1　太滆运河水质时空变化特征分析

（1）水质监测

①监测范围：竺山湾、滆湖、太滆运河干流及其支浜、漕桥河、永安河、武宜运河。

②监测频次：1~2月一次。

③点位布置：总共布设 32 个点位，其中太滆运河干流上布设 13 个采样点，漕桥河、锡溧漕河、永安河和武宜运河的上下游各布设一个点位，其他支浜口各布设一个点位。

④监测指标

水体：水温（T）、pH、氧化还原电位（Eh）、流速、流量、溶解氧（DO）、叶绿素 a（Chl a）、高锰酸盐指数（COD_{Mn}）、总氮（TN）、硝酸盐氮（$NO_3^- - N$）、亚硝盐酸氮（$NO_2^- - N$）、氨氮（$NH_3 - N$）、总磷（TP）、可溶性正磷酸盐、氯化物（Cl^-）、$\delta^{15}N - NO_3^-$、$\delta^{18}O - NO_3^-$、$\delta^{15}N - NH_4^+$；

水体悬浮态有机颗粒物：颗粒有机质（POM）浓度、颗粒有机氮（PON）及颗粒有机碳（POC）含量、碳氮比（C/N）、$\delta^{13}C_{POC}$、$\delta^{15}N_{PON}$；

表层沉积物：PON 及 POC 含量、C/N、$\delta^{13}C_{POC}$、$\delta^{15}N_{PON}$。

（2）太滆运河水质时空变化特征

太滆运河氮磷浓度季节变化明显，冬季污染物浓度较高，基本为劣Ⅴ类；从上游到下游，污染物浓度逐渐增大，空间变化明显；太滆运河受到各大支流输入影响较大，永安河流入混合后总磷、氨氮显著上升，总氮、硝酸盐氮显著下降，与上游支流永安河污染输入有关；氮污染严重，其中硝酸盐氮占可溶性无机氮总量的 50% 以上。各个水质指标时空变化特征如下：

①COD_{Mn}

对太滆运河上分水新桥和黄埝桥两个断面在 2011—2013 年间 COD_{Mn} 浓度变化进行比较（图 5-1），发现各年度 COD_{Mn} 浓度差异不大，基本趋于一致。同时对 2013 各月份 COD_{Mn} 浓度进行分析对比（图 5-2），发现研究区水体各月份 COD_{Mn} 浓度差异较小，7 月份浓度最高，6 月份浓度最低，总体处于《地表水环境质量标准》（GB 3838—2002）中的Ⅲ类水质标准（≤6 mg/L）。

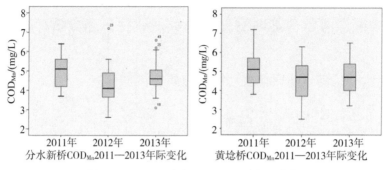

图 5-1　COD$_{Mn}$ 浓度 2011—2013 年际变化

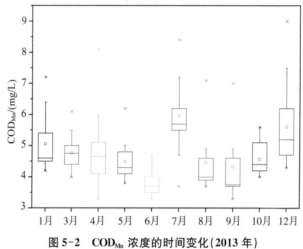

图 5-2　COD$_{Mn}$ 浓度的时间变化（2013 年）

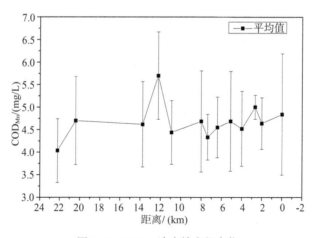

图 5-3　COD$_{Mn}$ 浓度的空间变化

从滆湖到竺山湾,各个监测点位 CODMn 年均浓度差异较小,而年内各监测点 CODMn 浓度浮动较大(图 5-3),这与支流及支浜污染物的输入有关。TG10 点 CODMn 浓度突然升高,这是由于支流永安河的 CODMn 浓度较高,汇入太滆运河后使得运河 CODMn 浓度突然升高(图 5-3)。

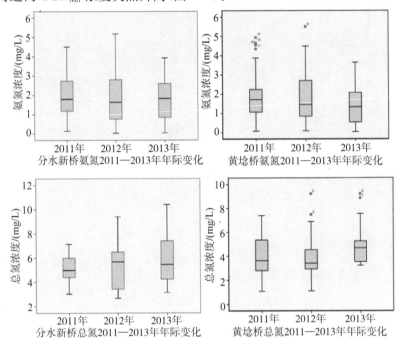

图 5-4　氮营养盐浓度 2011—2013 年际变化

②氮营养盐

对太滆运河上断面在 2011—2013 年间 TN 和氨氮浓度变化进行比较,发现各年度 TN 和氨氮浓度基本变化不大,但 TN 整年浓度都为劣 V 类(>2 mg/L),氨氮整年浓度基本为 V 类水(图 5-4)。在 2013 年,太滆运河 TN 浓度月际之间相差较大,最高浓度出现在 1 月,之后逐渐降低,到 8 月浓度降至最低,这可能与太滆运河区域降雨稀释作用有关;以《地表水环境质量标准》(GB 3838—2002)为依据,可见 TN 浓度均为劣 V 类(>2 mg/L);硝酸盐氮和氨氮浓度的时间变化趋势与 TN 相似,冬季浓度高。2013 年 1、3、12 月,整个研究区氨氮浓度基本为劣 V 类(>2 mg/L)(图 5-5)。

亚硝酸盐氮浓度在 8 月和 9 月突然升高,与此同时,氨氮浓度 8 月突然降低,而硝酸盐氮浓度也相应升高,结合同位素数据分析,因为 8 月份硝化作用增强使得水体氨氮浓度降低,硝酸盐氮浓度升高。由此可见,流域气象条件(温度、降雨等)对流域及水体的可溶性无机氮浓度有较大的影响。

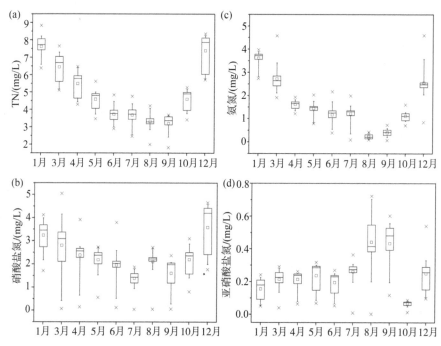

图 5-5　氮营养盐浓度的时间变化

如图 5-6 所示,从漏湖到竺山湾,氨氮、硝酸盐氮和亚硝酸盐氮浓度总体呈现上升趋势,浓度受各大支流影响较大;在 R10 点硝酸盐氮浓度较上游降低,这

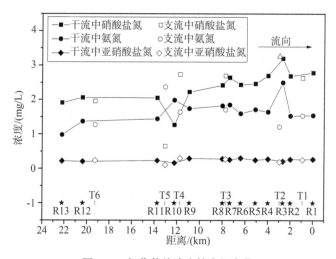

图 5-6　氮营养盐浓度的空间变化

可能是因为永安河(T5)硝酸盐氮浓度低,汇入太滆运河后使得太滆运河硝酸盐氮浓度降低;太滆运河在 R9 点硝酸盐氮浓度上升,这可能是因为新锡溧漕河(T4)硝酸盐氮浓度高,汇入太滆运河后使得太滆运河硝酸盐氮浓度上升;在 R7 点之后硝酸盐氮浓度较上游明显上升。此外,太滆运河在 R10 点氨氮浓度升高,这可能是因为永安河(T5)氨氮浓度高,汇入太滆运河后使得太滆运河氨氮浓度上升;从 R10 点之后,氨氮浓度缓慢下降,这可能是由于其他支流及支浜汇水的稀释作用。

③总磷

对太滆运河上断面 2011—2013 年间总磷浓度比较分析,发现各年度总磷浓度也是基本稳定,变化不大,但可以看出 TP 整年浓度基本为Ⅲ或Ⅳ类(图 5-7)。同时对 2013 年 TP 各月份浓度进行比较分析,可以看出 2013 年 1 月太滆运河 TP 浓度较高,与《地表水环境质量标准》(GB 3838—2002)中湖、库水质标准相比,为劣Ⅴ类(>0.2 mg/L)(图 5-8);TP 浓度从滆湖到竺山湾总体呈现上升趋势,在 R10 点突然上升,这可能是因为永安河(T5)汇入高浓度含磷废水所致;之后又突然下降,这与新锡溧漕河(T4)汇水有关系(图 5-9)。

④叶绿素 a

根据美国国家环保局、日本公害研究所对富营养化水体的评价标准,太滆运河全年的 Chl a 浓度已达到了富营养化水平(>10 μg/L)(图 5-10);Chl a 浓度在 6—8 月处于全年最高水平,这与夏季水体温度高的原因有关,始于藻类生长;在 TG10 点,Chl a 浓度明显升高(图 5-11),这与永安河 TP 浓度较高有关。

(3)支流及支浜水质时空变化特征

根据《江苏省地表水(环境)功能区划》,除武宜运河(T-18、T-19)、永安河(T-16、T-17)和新锡溧漕河(T-14、T-15)、锡溧漕河(T-11)执行Ⅳ水质标准之外,太滆运河和漕桥河执行Ⅲ类水质标准。如图 5-12 和图 5-13 所示,支流及支浜的水质普遍具有冬季水质较差、污染重的特点,具体情况如下所述:

①TN:各支浜水体 TN 浓度均超《江苏省地表水(环境)功能区划》的水质要求,为劣Ⅴ类水(>2 mg/L),污染严重的前 5 个支浜分别为夏庄浜(T-5)、黄土沟河(T-6)、张塔桥浜(T-2)、东扁担河(T-4)和锡溧漕河(T-11),均位于太滆运河中下游。

②氨氮:1 月和 3 月,各支浜水体氨氮浓度均超《江苏省地表水(环境)功能区划》的水质要求,基本为劣Ⅴ类水;4—6 月,氨氮浓度也超过了Ⅲ类水质标准。污染严重的前 5 个支浜分别为永安河(T-16、T-17)、黄土沟河(T-6)、张仙浜(T-13)、漕桥河(T-1)和小桥浜(T-12)。

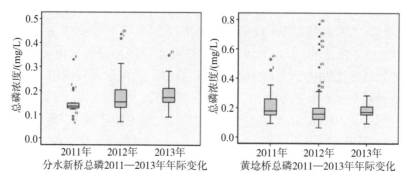

图 5-7　总磷浓度 2011—2013 年际变化

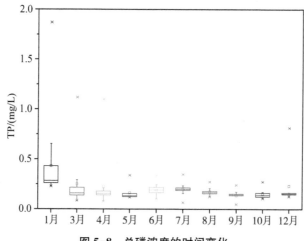

图 5-8　总磷浓度的时间变化

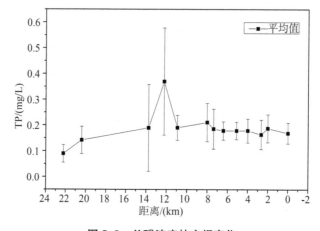

图 5-9　总磷浓度的空间变化

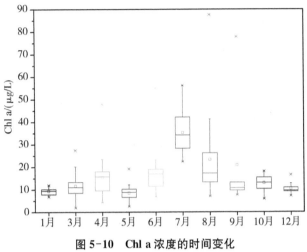

图 5-10　Chl a 浓度的时间变化

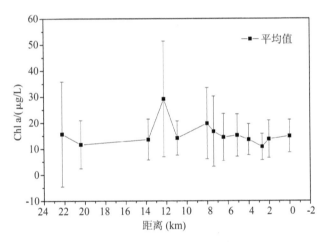

图 5-11　Chl a 浓度的空间变化

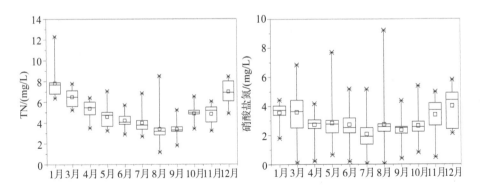

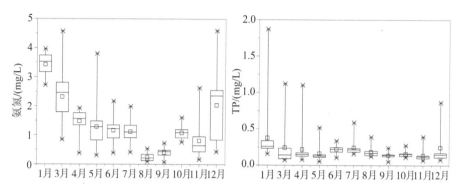

图 5-12　各支浜水体氮、磷营养盐浓度的时间变化

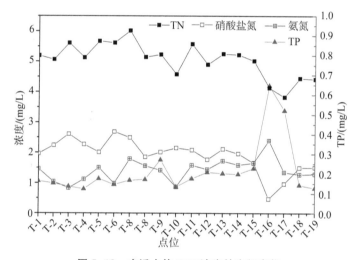

图 5-13　支浜水体 DIN 浓度的空间变化

③TP：新锡溧漕河（T-14、T-15）和永安河（T-16、T-17）TP 浓度超《江苏省地表水（环境）功能区划》的Ⅳ类水质要求（≤0.3 mg/L），其余支浜满足要求；污染严重的前 5 个支浜分别为永安河（T-16、T-17）、新锡溧漕河（T-14、T-15）、张仙浜（T-13）、小桥浜（T-12）和锡溧漕河（T-11），均位于太滆运河中游。

（4）大型支流水质时空变化特征

与太滆运河交汇的大型支流包括武宜运河、永安河和漕桥河，其水质特征如下：

①武宜运河

从图 5-14 可以看出，武宜运河冬季氨氮浓度基本为劣Ⅴ类，营养盐的浓度普遍高于春夏季；武宜运河氨氮浓度随水流方向逐渐升高，TP 浓度逐渐降低，这可能与武宜运河两岸氨氮污染源输入有关；武宜运河与武南河交叉口（W5）之后的水质浓度基本趋于稳定。

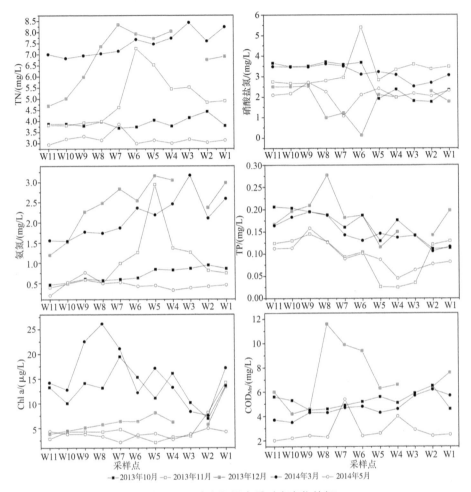

图 5-14　武宜运河水质时空变化特征

②永安河

如图 5-15 所示，永安河氨氮和 TP 浓度污染严重，基本为劣Ⅴ类，这与永安河周边生活污水及畜禽养殖废水的排放有关；冬季营养盐的浓度普遍高于春夏季；永安河 Chl a 浓度较高，说明藻类生长旺盛，这与营养盐浓度较高有直接关系；永安河营养盐浓度空间变化不大。

③漕桥河

如图 5-16 所示，漕桥河冬季水质基本为劣Ⅴ类，营养盐的浓度普遍高于春夏季；漕桥河营养盐浓度在 C1 点明显上升，这与太滆运河水流倒灌进入漕桥河有关；除 C1 点外，漕桥河营养盐浓度空间变化不大。

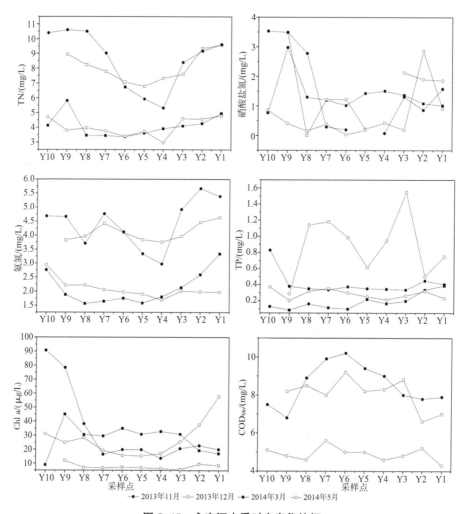

图 5-15　永安河水质时空变化特征

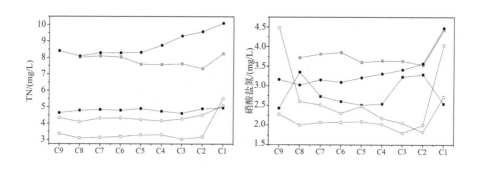

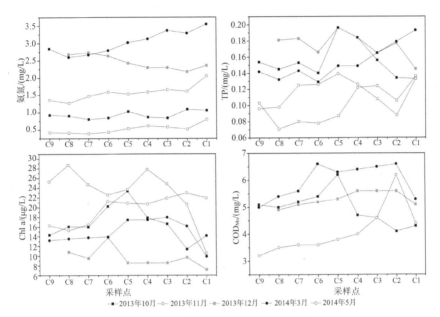

图 5-16　漕桥河水质时空变化特征

5.1.2　太滆运河氮的迁移转化过程分析

（1）主要氮源识别

联合分析硝酸盐中 ^{15}N 和 ^{18}O 同位素组成，可以清楚地识别出水体中硝酸盐的不同来源。目前，双同位素法（Dual isotope approach），即同时分析硝酸盐中 ^{15}N 和 ^{18}O 同位素组成，已被作为河流、海洋、湖泊水体和地下水中硝酸盐来源识别的新技术手段在国外广泛应用。太滆运河主干河道监测断面的硝酸盐 ^{15}N 和 ^{18}O 同位素值的特征见图 5-17。

太滆运河主干河道监测断面硝酸盐 $\delta^{15}N$ 值范围在 3.00‰～15.0‰ 之间，$\delta^{18}O$ 值范围在 -4.0‰～15.0‰ 之间，其范围位于土壤有机氮和畜禽养殖及生活污水所含 $\delta^{15}N$、$\delta^{18}O$ 值之内。可初步断定太滆运河硝酸盐氮主要来源于土壤有机物的硝化反应以及畜禽养殖及生活污水。此外，永安河（T5）$\delta^{15}N$、$\delta^{18}O$ 值主要位于畜禽养殖及生活污水范围内，这与永安河受常州市生活污水及周边畜禽养殖污染有关。

月际之间，$\delta^{15}N$、$\delta^{18}O$ 值差别较大，说明不同月份硝酸盐氮来源不同，或者其迁移转化途径有所不同，导致同位素值有差别。从 1 月到 5 月，同位素值不断下降，这可能是由于降雨量的不断增大、温度不断上升，整个流域的硝化作用增强，土壤有机质硝化反应后生成的硝酸盐同位素值较低，使得太滆运河硝酸盐同

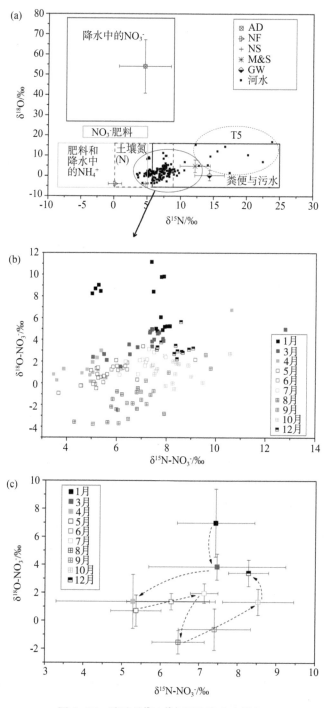

图 5-17　硝酸盐 ^{15}N、^{18}O 同位素分布特征

位素值不断降低。从5月到7月，$\delta^{15}N$、$\delta^{18}O$值逐渐增大，这与流域出现反硝化作用有关。从7月到8月，$\delta^{15}N$、$\delta^{18}O$值明显降低，可能是因为这段时间降雨量较少，流域土壤的硝化作用增强，硝化作用产生的硝酸盐使得氮、氧同位素值降低。从8月到12月，$\delta^{15}N$、$\delta^{18}O$值逐渐增大，由于温度不断降低，硝化作用不断减弱，且冬季畜禽养殖及生活污水排放占据主导地位，混合作用使得$\delta^{15}N$、$\delta^{18}O$值逐渐增大。

　　由于Cl^-不易发生物理、化学和生物反应，是反映生活污水输入和稀释作用较好的指标，通过分析水体中NO_3^-/Cl^-的摩尔比率，也可揭示水体的硝酸盐是主要来自化肥还是来自动物粪肥和污水输入。根据硝酸盐和氯离子摩尔比（图5-18）可知，1、3、4、12月份受有机肥和生活污水的影响较大，这主要是因为春冬季降雨量较少，农业面源污染较难进入水体中，生活污水及畜禽养殖废水成为主要的污染源；从5月份到10月份，水体中氮含量主要受施肥的影响，这主要是因为研究区进入雨季，地表径流带入了大量的农田化肥等污染物，农业污染作用明显。

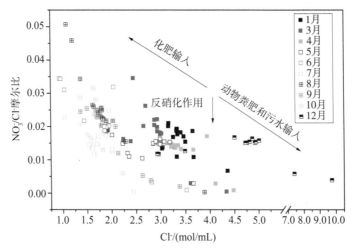

图5-18　太滆运河硝酸盐与氯离子摩尔浓度比

　　（2）氮在流域层面的迁移转化过程分析

　　①硝化反应

　　根据同位素特征，可以发现太滆运河区域内，不同时期氮主要的迁移转化途径不同，但总体来说，全年时间里都可能发生流域土壤有机质的硝化作用。图5-19显示水体硝酸盐$\delta^{18}O$值与水体温度呈现明显的负相关性，这说明温度影响着硝化反映，而硝化作用产生的硝酸盐可能是太滆运河氮的一个重要来源。

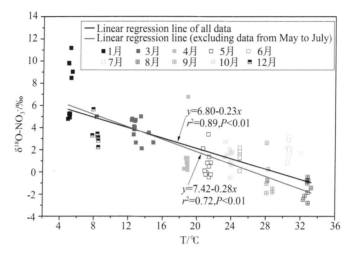

图 5-19　太滆运河水体温度与硝酸盐 $\delta^{18}O$ 之间的关系

②反硝化作用

有研究表明,反硝化引起的同位素分馏过程中,$\delta^{18}O$ 与 $\delta^{15}N$ 比值接近于 0.5(0.48 到 0.77 之间)。由图 5-20 可知,太滆运河 5—7 月期间,$\delta^{18}O/\delta^{15}N=$ 0.73,说明研究区域内可能存在反硝化作用。图 5-21 显示了 5—7 月流域内 $\delta^{18}O$ 与 $\delta^{15}N$ 同位素值与硝酸盐浓度之间的关系,这种关系符合同位素分馏过程 的瑞利方程,进一步说明 5—7 月期间流域内存在一定的反硝化作用,反硝化作 用在一定程度上减少了流域氮的负荷量。

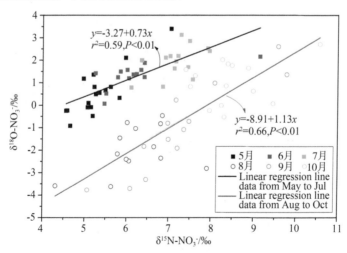

图 5-20　太滆运河硝酸盐氮、氧同位素分布

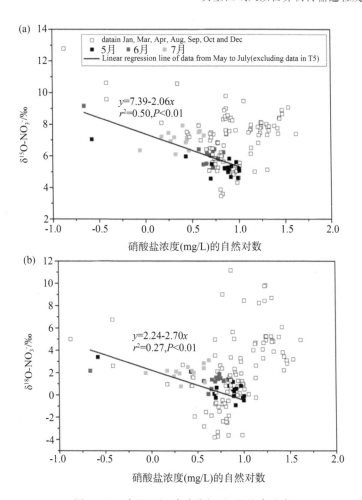

图 5-21　太滆运河硝酸盐氮、氧同位素分布

　　硝化反应和反硝化反应发生的时间及原因，可以从流域降雨条件来分析（图 5-22）。太滆运河区域在 5—7 月期间，处于一年中降雨量最大的时期——梅雨期，持续的降雨量可能使得流域土壤中水分含量较高，土壤含氧量降低，从而为土壤反硝化作用提供了反应条件。较多的研究也发现，在这一区域降雨量大时，土壤反硝化作用会变得明显。进入 8 月后，有近 1 个月没有降雨发生，在这期间，土壤反硝化作用可能会被升高的土壤含氧量所抑制，而微生物等又加强了土壤硝化作用，使得 8 月份水体的同位素值因为混入了过多硝化反应所产生的低同位素值的硝酸盐而突然降低。因此，研究表明，流域氮源的迁移转化与区域降雨、温度等气象条件有关。

　　根据瑞利方程 $\delta S(t) = \delta S_0 + \varepsilon \ln(S_t / S_0)$，可以估算出流域在 5—8 月期间，有 22.9% 的硝酸盐因反硝化作用从流域中被去除。

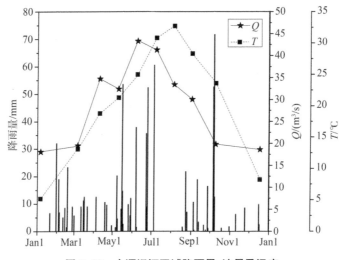

图 5-22　太滆运河区域降雨量、流量及温度

（3）利用同位素技术计算小流域内不同硝酸盐氮源的负荷

太滆运河区域小支浜众多，小的支浜承接了研究区营养盐的排放。以太滆运河上的一条小支浜为研究对象（图 5-23），利用同位素技术及新的定量方法估算硝酸盐氮不同源的污染负荷。

图 5-23　太滆运河区域内小流域位置及采样点位

采集太滆运河区域不同污染源的污水，分析不同类污水的 $\delta^{15}N$、$\delta^{18}O\text{-}NO_3^-$。对比小流域水体的 $\delta^{15}N$、$\delta^{18}O\text{-}NO_3^-$ 值，可以发现，冬季太滆运河区域受人为污染源的影响严重（生活污水及畜禽养殖废水），雨季（5—9 月）受大气湿沉降的影响较大，硝氮主要来源于集水区的硝化作用（图 5-24）。

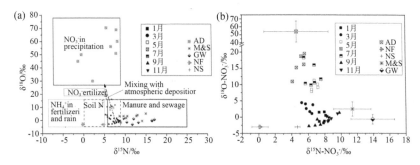

图 5-24　小流域水体硝酸盐氮、氧同位素值

根据同位素的 SIAR 模型估算不同源的负荷比例。SIAR 模型算法如下,计算结果见图 5-25。

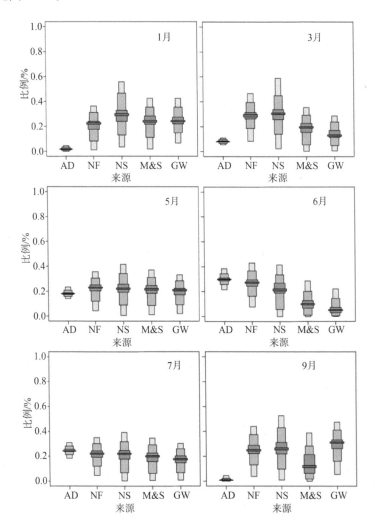

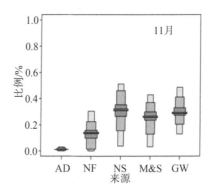

图 5-25　不同来源硝酸盐氮污染负荷比例

$$
\begin{cases}
X_{ij} = \sum_{k=1}^{k} p_k (S_{jk} + C_{jk}) + \varepsilon_{ij} \\
S_{jk} \sim N(\mu_{jk}, \omega_{jk}^2) \\
C_{jk} \sim N(\lambda_{jk}, \tau_{jk}^2) \\
\sim N(0, \sigma_j^2)
\end{cases}
\tag{5-2}
$$

式中：X_{ij} 是混合物同位素的 δ 值（$i=1,2,\cdots,N; j=1,2,\cdots,J$）；$p_k$ 为端元 k 的贡献比例，需要根据 SIAR 模型预测；S_{jk} 是第 k 个端元的 j 同位素值（$k=1,2,3,\cdots$），其中 μ_{jk} 为均值，ω_{jk} 为标准偏差；C_{jk} 是端元 k 在 j 同位素上的分馏因子，其中 λ_{jk} 为均值，τ_{jk} 为标准偏差；ε_{ij} 为剩余误差，代表不同单个混合物间未能确定的变量，其均值为 0，标准偏差为 σ_j。

根据同位素的 SIAR 模型计算结果可知，土壤有机质的硝化作用是硝酸盐氮的主要来源（全年超过 20%），化肥的硝化作用也是硝酸盐氮的一个重要的来源（14.7～28.6%），生活污水及畜禽养殖废水的贡献比例在冬季（22.4%）大于夏季（17.8%），地下水对河流水体硝氮的贡献在 11 月达到最高（30.5%），在雨季，大气湿沉降是硝酸盐氮重要的来源。

5.2　水环境数学模型构建与计算

太湖流域水环境数学模型建立在对太湖流域地形地貌、不同土地利用类型详尽调查的基础上，结合 GIS 信息系统，综合考虑流域平原区和山丘区的降雨、蒸发、下渗等水文过程、地下水中物质的变迁过程、地表径流的物质移动扩散、污染源排放等流域范围内水与物质的主要迁移途径，模拟不同时空尺度条件下水量和污染物从陆域向河网、湖泊的输移和转化等过程，构建太湖流域水环境数学模型进行模拟计算研究。

5.2.1　模型构建基础数据

（1）设计水文条件

选用流域枯水年1971年（太湖流域90%保证率典型年）水文条件作为构建水环境数学模型的设计水文条件。典型年主要依据太湖流域的降水量资料进行选取：根据1960年以来的降雨资料，选取具有长序列降雨资料的171个雨量站进行年降水量统计及频率分析，最终确定以1971年作为太湖流域90%设计保证率最不利典型年。

（2）水文数据

水文数据包括：太湖流域76个水文、水位站数据，流域内77个降雨站日雨量数据，14个蒸发站日蒸发数据。图5-26为水位、流量站点位置分布情况，图5-27为降水、水面蒸发量站点位置分布情况。

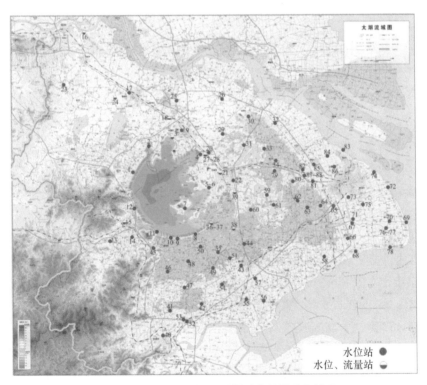

图5-26　太湖流域水位、流量站点位置分布情况

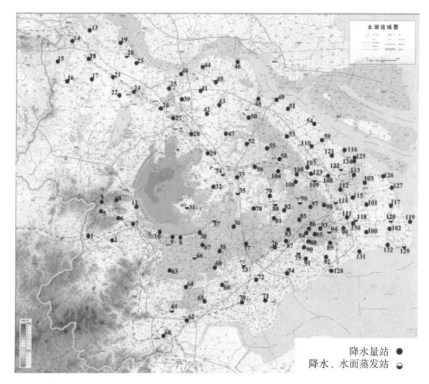

图5-27　太湖流域降水、水面蒸发站点位置分布情况

（3）污染负荷数据

模型污染负荷数据包括点源和非点源两部分，源自研究区域2011年环境统计数据及2012年统计年鉴。点源包括研究区域的工业企业、污水处理厂、规模化畜禽养殖场、城镇生活信息，非点源包括农村生活，分散式畜禽水产养殖及种植业在内的农业排放。

①点源

工业企业：2011年太湖流域江苏省有工业企业4 889家（直排2 458家），其中南京市136家，苏州市1 870家，无锡市1 460家工业企业，常州市1 104家，镇江市319家；浙江省1 452家直排工业企业，其中杭州市256家，湖州市764家，嘉兴市432家。太湖流域2011年工业企业分布见图5-28。

污水处理厂：2011年江苏省太湖流域有污水处理厂277家，其中南京市14家，苏州市125家，无锡市76家，常州市43家，镇江市19家；2011年浙江省太湖流域有污水处理厂59家，其中杭州市8家，嘉兴市23家，湖州市28家。太湖流域2011年污水处理厂分布图见图5-29。

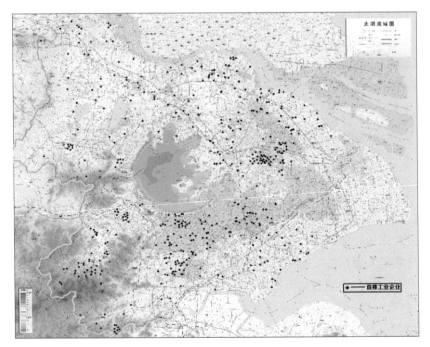

图 5-28　太湖流域直排工业企业污染排放点位分布示意

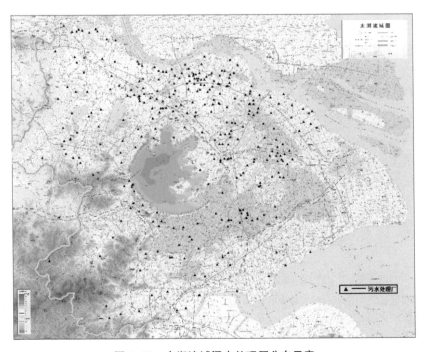

图 5-29　太湖流域污水处理厂分布示意

规模化畜禽养殖场和城镇生活：规模化畜禽养殖场和城镇人口资料来源于2012年统计年鉴。

②非点源

农村人口资料来源2012年统计年鉴；分散式畜禽水产养殖及农业排放来自2012年环境统计资料。

5.2.2 水环境数学模型构建

5.2.2.1 模型基本方程及求解方法

（1）降雨径流模型

采用降雨径流模型（NAM）模拟区域内降雨-径流模块。NAM模型是以一些简化的定量数学公式来为陆地水文循环做相互关联的数学表达。通过考虑不同蓄水带（地表、土壤和地下水）的含水量及它们之间的相互作用，NAM表达了降雨-径流过程中的多种径流成分。每种蓄水带代表了流域中不同的物理单元。NAM模型以确定性、集总式、概念性为特征，并需满足非极端性数据输入条件。NAM模型可以表达不同水文情况和气候条件，输入数据包括降水、潜蒸发能力、温度以及模型的特征参数等。模型输出有流域的径流过程和流域内陆地水文循环各部分的相关信息，如土壤蓄水量及地下水补给量等。此处，NAM降雨径流模型用来模拟流域上游无实测资料子流域的径流过程及旁侧支流入流。

（2）水量模型

水量计算的微分方程是建立在质量和动量守恒定律基础上的圣维南方程组。以流量 $Q(x,t)$ 和水位 $Z(x,t)$ 为未知变量，并补充考虑了漫滩和旁侧入流的圣维南方程组为：

$$\begin{cases} \dfrac{\partial Q}{\partial x} + B_w \dfrac{\partial Z}{\partial t} = q \\ \dfrac{\partial Q}{\partial t} + 2u \dfrac{\partial Q}{\partial x} + (gA - Bu^2)\dfrac{\partial A}{\partial x} + g\dfrac{n^2 \mid u \mid Q}{R^{4/3}} = 0 \end{cases} \tag{5-3}$$

式中：Q 为流量；x 为沿水流方向空间坐标；B_w 为调蓄宽度，指包括滩地在内的全部河宽；Z 为水位；t 为时间坐标；q 为旁侧入流流量，入流为正，出流为负；u 为断面平均流速；g 为重力加速度；A 为主槽过水断面面积；B 为主流断面宽度；n 为糙率；R 为水力半径。

以普顿斯曼（Preissmann）四点线性隐式差分格式将式（5-3）方程组离散，辅以连接条件,形成河道方程,以微段、河段、汉点三级联解的方法求解。三级联合解法求解平原河网水力特性的基本思路可概括为"单一河道—连接节点—单一河道",即将整个河网看成是由河道及节点组成,先将各单一河道划分为若干计算断面,在计算断面上对圣维南方程组进行有限差分运算,得到以各断面水位及流量为自变量的单一河道差分方程组;然后根据节点连接条件辅以边界条件形成封闭的各节点水位方程,求解此方程组得各节点水位,再将各节点水位回代至单一河道方程,最终求得各单一河道各微断面水位及流量;另外采用 Muller 法给出的嵌套迭代法提高计算精度。

(3) 水质模型

河网对流传输移动问题的基本方程表达如下:

$$\frac{\partial(AC)}{\partial t}+\frac{\partial(QC)}{\partial x}-\frac{\partial}{\partial x}\left(AE_x\frac{\partial C}{\partial x}\right)+S_c-S=0 \tag{5-4}$$

$$\sum_{I=1}^{NI}(QC)_{I,j}=(C\Omega)_j\left(\frac{\mathrm{d}Z}{\mathrm{d}t}\right)_j \tag{5-5}$$

式(5-4)是河道方程,式(5-5)是河道叉点方程。式中 Q、Z 是流量及水位;A 是河道面积;E_x 是纵向分散系数;C 是水流输送的物质浓度;Ω 是河道叉点-节点的水面面积;j 是节点编号;I 是与节点 j 相连接的河道编号;S_c 是与输送物质浓度有关的衰减项,例如可写为 $S_c=K_dAC$;K_d 是衰减因子;S 是外部的源或汇项。

对时间项采用向前差分,对流项采用上风格式,扩散项采用中心差分格式。

5.2.2.2 模型构建

(1) 河网概化

由于太湖流域河网内部河道多而复杂,一般都属天然河道。为了便于计算,首先须将内部河道进行概化,形成一个有河道、有节点的概化河网。河网概化主要是把一些对水力计算影响不大的小河道进行技术合并,概化成若干条理想的河道,并将天然河道的不规则断面概化成规则的梯形断面。基于已有的全太湖流域河网水量、水质模型进行更新和优化,太湖流域河网概化图见图 5-30。河网边界分为长江沿线、宜溧山区、太湖边界等。

(2) 模型计算边界

①水动力边界

水动力模型的具体边界条件设置如表 5-1 所示,上游边界为 2011 年大通站

图 5-30　太湖流域河网模型概化

的流量,下游边界为沿海各河道出口处的水位。

表 5-1　水动力边界条件

河道名称	里程(米)	边界类型	河道名称	里程(米)	边界类型
Lower Yangtze	0	流量	r255	0	水位
caojinghe_7	1 800	水位	xukou1	0	水位
Changshanhe_5	4 000	水位	zhaoxi_5	0	水位
dazhi_he	39 200	水位	r27	0	水位
fengxingang_3	1 900	水位	xuguang_canal	0	水位
Haiyantang_4	4 000	水位	changdougang_1	6 700	水位
jinhuigang_5	2 000	水位	wangyu_river1	0	水位
Lower Yangtze	560 630	水位	huazhuang2	3 500	水位
LowerYangtze_East	46 000	水位	huazhuang3	11 000	水位
LowerYangtze_Middle	29 000	水位	chuyuan1	8 500	水位
Nanrigang_6	2 000	水位	zhihu_gang4	4 000	水位

河道名称	里程（米）	边界类型	河道名称	里程（米）	边界类型
shipilegang_3	2 000	水位	wuli_lake	0	水位
tuanlugang_3	2 600	水位	changguangxi	8 000	水位
Zhaputang_2	13 000	水位	r245	6 000	水位
r14	0	水位	r243	13 000	水位
zishijing	33 300	水位	mashan	7 500	水位
taipuhe	0	水位	wujin_gang6	2 000	水位
r89	0	水位	taige_cannal6	2 000	水位
xinchengtang_1	0	水位	taigenan_cannal3	1 000	水位
xitang_1	0	水位	hongsheng_river5	4 000	水位
r259	0	水位	gaosheng5	3 000	水位
wusong_river	−1 000	水位	dapukou	5 000	水位
r257	0	水位	hengtang_river1	1 000	水位
hengjing_tang22	0	水位	chu_river2	4 000	水位

②水质模型边界

流域水质模型主要模拟以下污染因子:溶解氧(DO)、氨氮(NH_3-N)、总氮(TN)、总磷(TP)和高锰酸盐指数(COD_{Mn})。水质模型边界包括开边界和污染负荷边界。此处共有15个水质开边界,包括1个上游开边界和14个下游开边界,可参见水动力边界条件。上游开边界采用安徽安庆皖河口水质自动监测站,COD_{Mn}、氨氮和溶解氧数据来自中国环境监测总站发布的2011年实测数据的平均值,BOD_5、总氮和总磷值参考地表水Ⅲ类水质标准和COD_{Mn}、氨氮值给定。如表5-2所示。

表5-2 水质模型开边界条件

序号	监测站	地点	边界条件	备注
1	安徽安庆皖河口水质站	长江干流,离大通水文站较近	DO:8.4 mg/L COD_{Mn}:2.4 mg/L BOD_5:1.2 mg/L NH_3-N:0.24 mg/L NO_3^--N:0.24 mg/L TP:0.5 mg/L TN:1 mg/L	上游开边界,采用中国环境监测总站公布水质实测数据的平均值

续表

序号	监测站	地点	边界条件	备注
2	其他下游 开边界	参见水动力 边界条件	DO：6 mg/L COD$_{Mn}$：6 mg/L BOD$_5$：4 mg/L NH$_3$-N：1 mg/L NO$_3^-$-N：1 mg/L TP：0.1 mg/L TN：0.1 mg/L	参考《地表水环境质量标准》（GB 3838—2002）中Ⅲ类水质标准给定

5.2.3　模型参数率定及验证

5.2.3.1　水量模型参数率定及验证

根据 2011 年 1 月 1 日～12 月 31 日全太湖流域水文水位站点（见图 5-31）及雨量蒸发站（见图 5-32）逐日实测数据，利用模型对 2011 年太湖水文情势进行模拟，结合流域各个水利分区的水动力特征，分别选取了太湖 10 个地区代表站实测水位和 1 个流量代表站作为典型站点，对模型水动力情势进行率定，率定得到太湖水环境数学模型水动力参数糙率为 0.017～0.028。根据典型站点的计算、模拟对比结果分析可知，2011 年太湖最高及最低日均水位、水位过程线

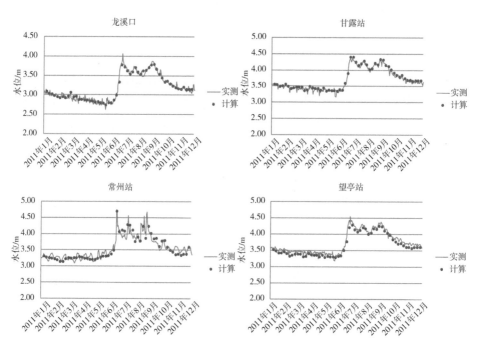

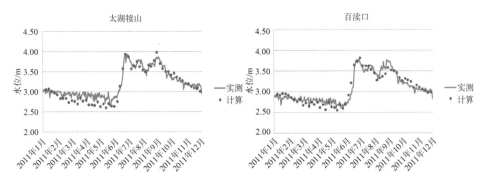

图 5-31   2011 年太湖水环境数学模型水动力计算与实测值率定

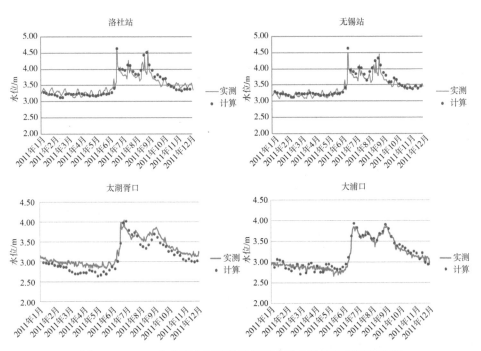

图 5-32   2011 年太湖水环境数学模型水动力计算与实测值验证

趋势与实测资料拟合情况较好,水位计算实测率定见图 5-31,水位计算实测验证见图 5-32。全年期水位模拟结果与实测结果的误差均不超过 20 cm,见表5-3。

5.2.3.2   水质参数率定及验证

基于 2011 年 1 月 1 日~12 月 31 日全太湖流域 120 个重要控制断面逐月水质监测数据,利用太湖水环境数学模型对太湖流域河道水质状况进行模拟。太湖流域水质监测点位分布见图 5-33。

表 5-3　2011 年太湖地区代表站水位计算值与实测值对比　　（单位：m）

地区	最小值			最大值		
	实测	计算	差值	实测	计算	差值
常州站	3.15	3.32	0.17	4.75	4.59	−0.16
望亭站	3.22	3.34	0.12	4.53	4.40	−0.13
太湖犊山	2.64	2.56	−0.08	3.93	3.99	0.06
百渎口	2.62	2.50	−0.12	3.79	3.86	0.07
洛社站	3.17	3.24	0.07	4.53	4.57	0.04
无锡站	3.08	3.24	0.16	4.50	4.60	0.10
太湖胥口	2.82	2.66	−0.16	4.04	4.00	−0.04
大浦口	2.73	2.59	−0.14	3.89	3.96	0.07
龙溪口	2.65	2.75	0.10	4.03	3.83	−0.20
甘露站	3.14	3.33	0.19	4.36	4.41	0.05

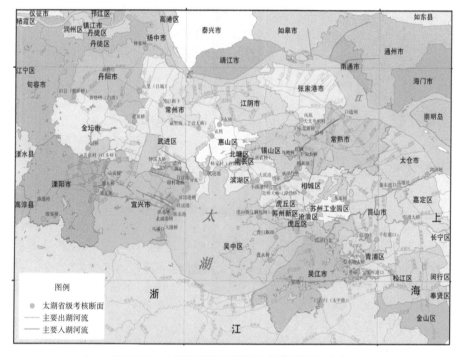

图 5-33　太湖流域考核断面水质监测点位分布

结合太湖流域内各个水文分区的污染负荷特征,分别选取了太湖区域内24个水质监测点对模型水质参数进行率定。由于不同的水文分区具有不同的水动力特征,而水动力条件对污染物的迁移和转化会产生一定的影响,因此,分区率定得到各区域水质参数,参数取值见表5-4。

表5-4 太湖水环境数学模型水质参数率定结果

序号	参数	湖西区	浙西区	杭嘉湖区	武澄锡虞区	阳澄淀泖区
1	K_{COD}	0.08~0.10	0.09~0.13	0.09~0.13	0.10~0.16	0.09~0.13
2	$K_{氨氮}$	0.04~0.065	0.04~0.07	0.04~0.07	0.04~0.07	0.04~0.07
3	$K_{总氮}$	0.05~0.09	0.05~0.10	0.06~0.11	0.06~0.10	0.06~0.11
4	$K_{总磷}$	0.032	0.045	0.045	0.045	0.045

对太湖流域24个断面水质计算、实测值进行误差对比分析,分析结果见表5-5。结果表明,2011年太湖水环境模型计算结果与实测资料拟合情况较好,模型相对误差在基本均控制在30%以内。水质计算结果与实测值率定图见图5-34。水质计算结果与实测值验证图见图5-35。

表5-5 2011年主要控制断面水质计算和实测值相对误差统计结果 (单位:%)

水质指标	湖西区	浙西区	杭嘉湖区	武澄锡虞区	阳澄淀泖区
COD_{Mn}	22.1	26.7	27.2	23.5	23.2
氨氮	24.3	25.4	26.6	20.9	21.6
TP	22.6	28.1	29.6	28.7	26.5

湖西区

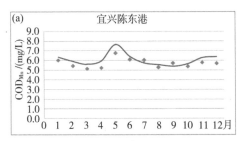

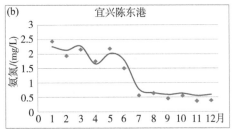

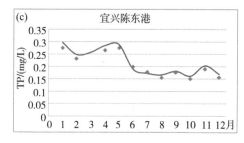

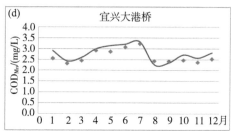

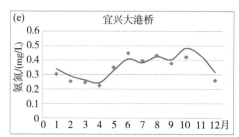

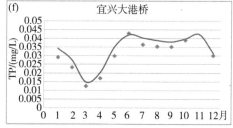

浙西区

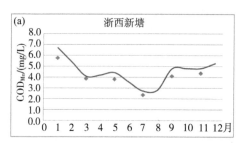

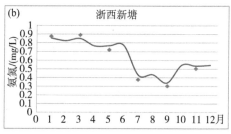

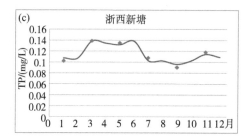

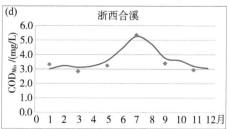

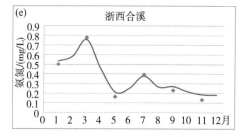

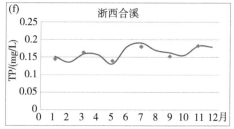

杭嘉湖区

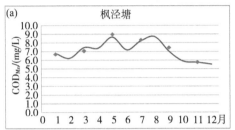

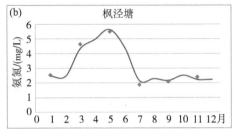

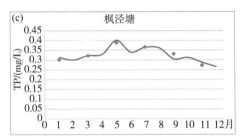

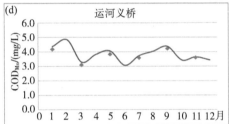

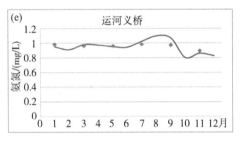

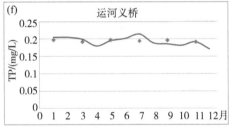

武澄锡虞区

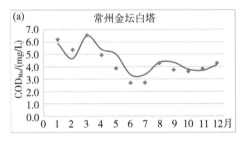

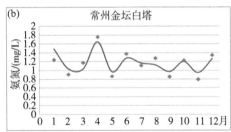

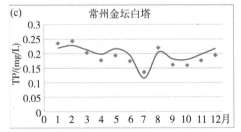

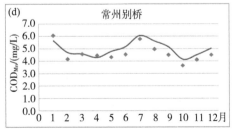

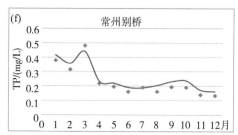

阳澄淀泖区

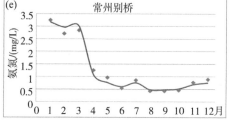

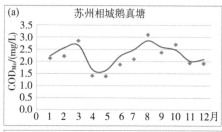

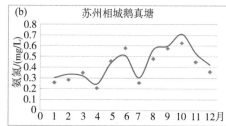

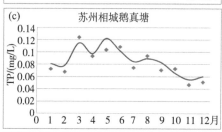

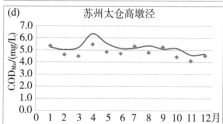

注：——为计算值；◆为实测值。

图 5-34　2011 年太湖水环境数学模型水质计算值与实测值率定图

湖西区

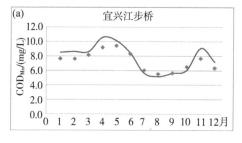

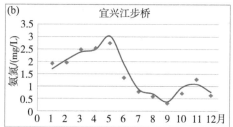

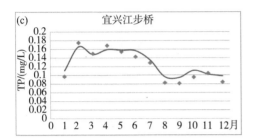

浙西区

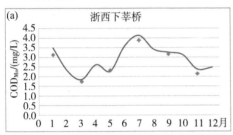

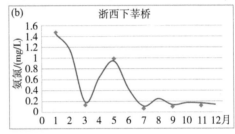

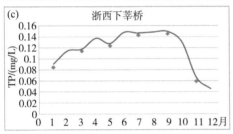

杭嘉湖区

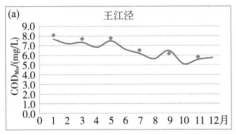

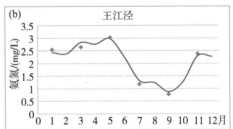

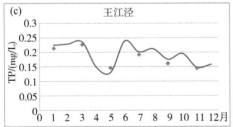

武澄锡虞区

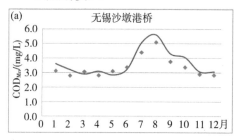

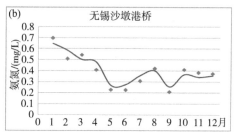

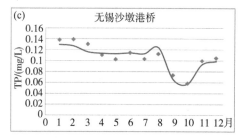

阳澄淀泖区

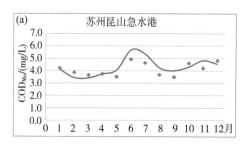

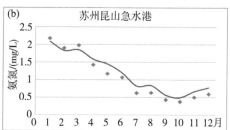

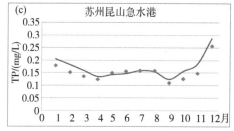

注：—为计算值；◆为实测值。

图5-35　2011年太湖水环境数学模型水质计算值与实测值验证图

5.3 太滆运河示范区污染物入湖通量

5.3.1 太滆运河入湖通量

（1）入太湖污染物通量计算方法

根据设计水文条件、污染源资料、水质监测数据与太滆运河示范区各主要河道纳污量资料，利用率定验证的河网水流、水质模型以及污染负荷模型，得到单位时间内的平均入湖流量值和相应的水质浓度，水质浓度乘以入湖流量值得出入湖通量值。入湖通量 W 计算公式见式（5-6）。

$$W = \sum_{i=1}^{n} C_i \cdot Q_i \qquad (5-6)$$

式中：C_i 为河道水污染控制断面的水质浓度（mg/L）；Q 为河道水污染控制断面的水量（m³/s）。

（2）入太湖污染物通量计算结果

根据 1971 年典型年水文条件（设计水文条件）和 2011 年污染源资料、各主要河道资料，利用经率定验证的河网水流、水质模型以及污染负荷模型计算出太滆运河和漕桥河的逐月平均流量值和相应的水质浓度，将水质浓度乘以入湖逐月平均流量得出入湖河道的逐月入湖通量值。通量计算选取太滆运河黄埝桥断面和漕桥河漕桥断面，见图 5-36。设计水文条件下太滆运河入太湖污染物逐月通量计算结果见表 5-6。

5.3.2 示范区入湖通量

（1）示范区入湖通量计算方法

太滆运河污染物入湖通量由两部分组成：一部分是太滆运河示范区内产生的污染负荷经由太滆运河进入太湖；另一部分是太滆运河示范区外污染负荷先进入示范区，再经由太滆运河进入太湖。基于构建并率定验证的水环境数学模型和入湖通量计算公式（5-6），首先计算得到总入湖通量 $W_{总入湖通量}$。然后在模型中屏蔽示范区内污染负荷，使示范区内污染负荷不参与河网物质交换，再结合公式（5-6）可计算得到示范区外污染物入湖通量 $W_{示范区外入湖通量}$，最后根据公式（5-7）可以计算得到示范区污染物入湖通量 $W_{示范区入湖通量}$。

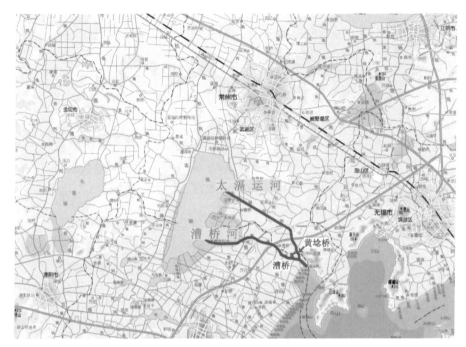

图 5-36　入太湖污染物通量计算断面示意

表 5-6　设计水文条件下入湖污染物逐月通量计算结果　（单位：吨）

河流	污染物通量	月份												合计
		1	2	3	4	5	6	7	8	9	10	11	12	
太滆运河	COD$_{Mn}$	459.1	483.3	622.7	601.7	513.3	682.1	2 063.4	1 040.2	1 133.6	735.6	721.2	665.4	9 721.6
	氨氮	91.4	68.2	81.2	74.8	79.5	128.9	87.0	43.9	66.8	26.5	61.2	59.7	869.1
	TN	246.1	176.3	273.8	221.0	202.8	264.2	462.3	313.8	371.7	273.6	245.4	430.7	3 481.7
	TP	8.8	6.0	8.0	6.0	5.1	13.9	23.2	15.9	14.4	7.6	5.8	7.9	122.6
漕桥河	COD$_{Mn}$	222.5	205.0	206.3	185.9	73.7	63.4	585.1	269.3	316.5	283.5	184.3	324.0	2 919.5
	氨氮	44.4	46.8	44.8	35.7	12.2	9.6	48.9	9.8	18.8	14.5	10.3	47.6	343.4
	TN	104.8	120.4	108.6	83.1	29.2	23.7	113.2	64.4	95.5	108.8	71.4	174.7	1 097.8
	TP	3.6	2.4	2.2	2.3	0.8	1.3	6.4	3.3	4.2	2.9	1.8	3.1	34.3
合计	COD$_{Mn}$	681.6	688.3	829.0	787.6	587.0	745.5	2 648.5	1 309.5	1 450.1	1 019.1	905.5	989.4	12 641.1
	氨氮	135.8	115.0	126.0	110.5	91.7	138.5	135.9	53.7	85.6	41.0	71.5	107.3	1 212.5
	TN	350.9	296.7	382.4	304.1	232.0	287.9	575.5	378.2	467.2	382.4	316.8	605.4	4 579.5
	TP	12.4	8.4	10.2	8.3	5.9	15.2	29.6	19.2	18.6	10.5	7.6	11.0	156.9

$$W_{示范区入湖通量} = W_{总入湖通量} - W_{示范区外入湖通量} \qquad (5-7)$$

（2）示范区入湖通量计算结果

根据上述方法计算得到 2011 年太滆运河示范区入湖污染物通量及示范区内和区外污染物通量，结果见表 5-7。

表 5-7 示范区入湖污染物通量计算结果 （单位:吨）

河流	污染物通量	月份												合计
		1	2	3	4	5	6	7	8	9	10	11	12	
入湖	COD$_{Mn}$	681.6	688.3	829.0	787.6	587.0	745.5	2 648.5	1 309.5	1 450.1	1 019.1	905.5	989.4	12 641.1
	氨氮	135.8	115.0	126.0	110.5	91.7	138.5	135.9	53.7	85.6	41.0	71.5	107.3	1 212.5
	TN	350.9	296.7	382.4	304.1	232.0	287.9	575.5	378.2	467.2	382.4	316.8	605.4	4 579.5
	TP	12.4	8.4	10.2	8.3	5.9	15.2	29.6	19.2	18.6	10.5	7.6	11.0	156.9
示范区外	COD$_{Mn}$	448.7	461.5	586.2	530.5	422.2	508.9	1 929.2	910.0	1 038.6	708.2	662.4	654.3	8 860.7
	氨氮	93.0	80.1	92.0	77.2	68.0	98.0	102.0	38.6	63.2	29.5	53.8	73.8	869.2
	TN	289.5	246.7	325.1	253.3	198.7	241.2	495.5	319.2	399.4	322.7	273.3	500.5	3 865.1
	TP	8.4	5.8	7.5	5.8	4.3	10.7	22.0	13.7	13.6	7.5	5.6	7.5	112.4
示范区内	COD$_{Mn}$	232.9	226.8	242.8	257.1	164.8	236.6	719.3	399.5	411.5	310.9	243.1	335.1	3 780.4
	氨氮	42.8	34.9	34.0	33.3	23.7	40.5	33.9	15.1	22.4	11.5	17.7	33.5	343.3
	TN	61.4	50.0	57.3	50.8	33.3	46.7	80.0	59.0	67.8	59.7	43.5	104.9	714.4
	TP	4.0	2.6	2.7	2.5	1.6	4.5	7.6	5.5	5.0	3.0	2.0	3.5	44.5

第六章

典型区域入湖营养物削减
分配及达标最优适用技术

6.1　技术方法

6.1.1　工作流程

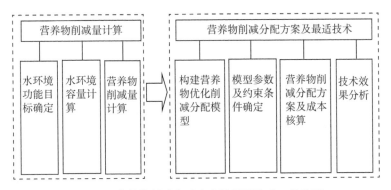

图 6-1　营养物削减分配方案及最适技术工作流程

6.1.2　水环境容量核算

基于太湖流域的水质目标,采用河网功能区总体达标法计算区域水环境容量值。总体达标计算方法是基于零维水质模型建立起来的,其计算结果与污染源所处位置无关。建立基于总体达标方法的太湖流域水环境容量计算模型,对模型参数进行率定,进行区域水环境容量计算:

$$
\begin{cases}
W_{\text{水环境容量}} = \displaystyle\sum_{j=1}^{n}\sum_{i=1}^{m}\alpha_{ij}\times W_{ij} \\
W_{ij} = Q_{0ij}(C_{sij}-C_{0ij})+KV_{ij}C_{sij}
\end{cases}
\tag{6-1}
$$

式中:W_{ij} 为计算中的水环境容量,最小空间计算单元为河段(河段为两节点之间的河道),最小时间计算单元为天;Q_{0ij}、V_{ij} 为设计水文条件,采用太湖河网模型计算得到;C_{sij} 为功能区水质目标;C_{0ij} 为上游来水水质浓度;K 为水质降解系数;α_{ij} 为不均匀混合系数。

根据确定的设计条件,以一维非稳态水环境数学模型为工具,先计算出各水体最小空间范围和最小时间长度的水环境容量值,再计算出区域内水环境功能区总的水环境容量值。

对于往复流地区,采用双向流计算公式,具体如下:

$$W = \frac{A}{A+B}W_正 + \frac{B}{A+B}W_反 \tag{6-2}$$

其中：A 为正向流计算时间段天数；B 为反向流计算时间段天数；$W_正$ 为正向河流的环境容量值，$W_正 = Q_{01}(C_s - C_{01}) + K_1 V_1 C_s$；$W_反$ 为反向河流的环境容量值，$W_反 = Q_{02}(C_s - C_{02}) + K_1 V_1 C_s$。

6.1.3　营养物削减量

水环境容量分配借鉴美国环保署（USEPA）提出的 TMDL（最大日负荷总量）分配公式：

$$TMDL = WLAs + LAs + MOS \tag{6-3}$$

式中：WLA 为点源允许负荷；LA 为非点源允许负荷；MOS 为安全临界值。

MOS 科学考虑自然系统水质的许多不确定性因素，消除了污染物质负荷与受纳水体水质之间关系的不确定性。MOS 包含两种意义：①保守分析水体达到的水质目标；②在水体污染负荷中划分出一定明确数量的污染负荷作为 MOS。结合国内外对 MOS 的赋值，此处预留出水体允许负荷的 5% 作为 MOS，不进行分配。

据此，营养物入湖削减量为入湖通量减去可分配容量，而可分配容量为营养物水环境容量减去 MOS。

总入湖通量为评估区域入湖通量与评估区域外入湖通量之和，总的营养物入湖削减量也为评估区域营养物入湖削减量与评估区域外营养物入湖削减量之和，同时，评估区域内外营养物入湖削减量的比值应等于它们入湖通量的比值。

6.1.4　营养物削减方案及成本核算

（1）区域内 ICILP 模型建立

根据国家、省、地方的太湖流域水环境综合治理总体规划和各种专项规划，为评估区域范围内的实际情况和现实需求，运用优化分配方案，构建流域污染负荷优化削减分配模型（即区间参数机会约束线性规划 ICILP 模型，以解决流域决策过程中复杂的不确定性）。模型以污染物控制成本最小为目标，包括建设成本和维护成本，在满足水质要求的条件下，求得最小的削减费用及最大的污染削减量。约束条件中考虑允许入湖量、子区域污染治理规模、点源污染控制、面源污染控制、生态修复工程等，具体如式（6-4）～式（6-10）。

目标函数：

$$\min f^{\pm} = \sum_{i=1}^{I} \sum_{j=1}^{J} \sum_{k=1}^{k} (UCC_{jk}^{\pm} \cdot X_{ijk}^{\pm}) + \sum_{i=1}^{I} \sum_{j=1}^{J} \sum_{k=1}^{k} \left[(P_{ij}^{\pm} + \sum_{k=1}^{k} X_{ijk}^{\pm}) \cdot UMC_{jk}^{\pm} \right]$$

(6-4)

约束条件：

①允许入湖量约束：

$$\Pr\Bigg\{ \sum_{i=1}^{I} \sum_{j=1}^{J} \sum_{k=1}^{K} (X_{ijk} \cdot ANR_{j}^{\pm}) + \sum_{i=1}^{I} \sum_{j=1}^{J} (P_{ij}^{\pm} \cdot ANR_{j}^{\pm})$$

$$\geqslant \sum_{i=1}^{I} TND_{ik}^{\pm} - TNC_{k}^{\pm} \Bigg\} \geqslant 1 - q_i, \forall i, k$$

(6-5)

②子区域污染治理规模约束：

$$\begin{cases} \sum_{j=1}^{J} (X_{ijk}^{\pm} \cdot ANR_{j}^{\pm}) + \sum_{j=1}^{J} (P_{ij} \cdot ANR_{j}^{\pm}) \leqslant RPE_k \cdot TND_{ik}^{\pm}, \forall i \\ \sum_{j=1}^{J} (X_{ijk}^{\pm} \cdot APR_{j}^{\pm}) + \sum_{j=1}^{J} (P_{ij} \cdot APR_{j}^{\pm}) \leqslant RNE_k \cdot TPD_{ik}^{\pm}, \forall i \end{cases}$$

(6-6)

③点源污染控制工程约束：

$$\begin{cases} \sum_{k=1}^{K} X_{i1k}^{\pm} + P_{i1}^{\pm} \geqslant MIW_{k}^{\pm} \cdot IWE_{ik}^{\pm}, \forall i, k \\ \sum_{k=1}^{K} X_{i2k}^{\pm} + P_{i2}^{\pm} \geqslant IST_{k}^{\pm} \cdot IWE_{ik}^{\pm}, \forall i, k \\ \sum_{k=1}^{K} X_{i3k}^{\pm} + P_{i3}^{\pm} \geqslant RWT_{k}^{\pm} \cdot TWD_{ik}^{\pm}, \forall i, k \\ \sum_{k=1}^{K} X_{i4k}^{\pm} + P_{i4}^{\pm} \geqslant USPN_{k}^{\pm} \cdot UFN_{ik}^{\pm}, \forall i, k \end{cases}$$

(6-7)

④面源污染控制工程约束：

$$\begin{cases} \sum_{k=1}^{K} X_{i5k}^{\pm} + P_{i5}^{\pm} \geqslant RRW_{k}^{\pm} \cdot TRW_{ik}^{\pm}, \forall i, k \\ \sum_{k=1}^{K} X_{i6k}^{\pm} + P_{i6}^{\pm} \geqslant NPCR_{k}^{\pm} \cdot TLAQ_{ik}^{\pm}, \forall i, k \\ \sum_{k=1}^{K} X_{i7k}^{\pm} + P_{i7}^{\pm} \geqslant SBR_{k}^{\pm} \cdot LPBW_{ik}^{\pm}, \forall i, k \\ \sum_{k=1}^{K} X_{i8k}^{\pm} + P_{i8}^{\pm} \geqslant ACPR_{k}^{\pm} \cdot CFA_{ik}^{\pm}, \forall i, k \end{cases}$$

(6-8)

⑤生态修复项目约束:

$$\begin{cases} \sum_{k=1}^{K} X_{i9k}^{\pm} + P_{i9}^{\pm} \geqslant EWS_k^{\pm} \cdot EWA, \forall i,k \\ \sum_{k=1}^{K} X_{i10k}^{\pm} + P_{i10}^{\pm} \geqslant RRE_k^{\pm} \cdot TRE, \forall i,k \\ \sum_{k=1}^{K} X_{i11k}^{\pm} + P_{i11}^{\pm} \geqslant AWP_k^{\pm} \cdot AAW, \forall i,k \\ \sum_{k=1}^{K} X_{i12k}^{\pm} + P_{i12}^{\pm} \geqslant DTP_k^{\pm} \cdot TLD, \forall i,k \end{cases} \quad (6\text{-}9)$$

⑥非负约束:

$$X_{ijk}^{\pm} \geqslant 0, \forall i,j,k \quad (6\text{-}10)$$

式(6-4)~式(6-10)中符号说明:

$X_{ijk}^{\pm}$ 为决策变量,表示第 i 个子区域内第 j 种工程处理措施在第 k 阶段的新增规模,($\mathrm{m^3/d}$ 或 $\mathrm{hm^2}$);

i 为子区域;

j 为工程项目类型:

$j = 1$ 为工业污水提标改造工程;

$j = 2$ 为工业企业清洁生产工程;

$j = 3$ 为城镇污水处理厂建设工程;

$j = 4$ 为城镇污水管网建设工程;

$j = 5$ 为农村生活污水处理工程;

$j = 6$ 为种植业污染控制工程;

$j = 7$ 为畜禽养殖粪便无害化处理工程;

$j = 8$ 为循环水池清洁养殖工程;

$j = 9$ 为太滆运河农业氮磷拦截工程;

$j = 10$ 为河滨带建设工程;

$j = 11$ 为太滆运河生态湿地和生态隔离带建设工程;

$j = 12$ 为太滆运河片区河网综合整治工程;

k 为时期(例如,$k = 1$ 表示近期,$k = 2$ 表示中期,$k = 3$ 表示远期);

$UCC_{jk}^{\pm}$ 表示 k 阶段工程 j 的单位投资成本,(￥);

$UMC_{jk}^{\pm}$ 表示 k 阶段工程 j 的单位运营及维护成本,(￥);

$P_{ij}^{\pm}$ 表示子区域 i 内第 j 种工程方案在基准年的规模,($\mathrm{m^3/d}$ 或 $\mathrm{hm^2}$);

$APR_j^{\pm}$、$ANR_j^{\pm}$ 分别表示工程 j 对 TP 和 TN 的单位削减量，(t/hm^2) 或 $t/(m^3 \cdot d)$；

$TPD_{ik}^{\pm}$、$TND_{ik}^{\pm}$ 分别表示不同阶段子区域 i 的 TP 和 TN 入湖量，(t/a)；

TPC_k 和 TNC_k 表示第 k 阶段入湖河流 TP 和 TN 的环境容量，(t/a)；

$MIW_k^{\pm}$ 表示第 k 阶段工业污水提标改造处理率，$(\%)$；

$IWE_{ik}^{\pm}$ 表示第 k 阶段子区域 i 内工业污水排放总量，(t/a)；

$IST_k^{\pm}$ 表示第 k 阶段工业企业清洁生产率，$(\%)$；

$RWT_k^{\pm}$ 表示第 k 阶段城镇生活污水的集中处理率，$(\%)$；

$USPN_k^{\pm}$ 表示第 k 阶段城镇污水管网覆盖率，$(\%)$；

$TWD_{ik}^{\pm}$ 表示第 k 阶段子区域 i 内城镇生活污水总产生量，(t/a)；

$UFN_{ik}^{\pm}$ 表示第 k 阶段子区域 i 内城镇家庭总户数；

$RRW_k^{\pm}$ 表示第 k 阶段农村生活污水的处理率，$(\%)$；

$TRW_{ik}^{\pm}$ 表示第 k 阶段子区域 i 内农村生活污水排放量，(t/a)；

$TLAQ_{ik}^{\pm}$ 表示第 k 阶段子区域 i 内的耕地面积，(hm^2)；

$NPCR_k^{\pm}$ 表示第 k 阶段农业面源污染治理面积比例，$(\%)$；

$SBR_k^{\pm}$ 表示第 k 阶段畜禽养殖粪便无害化处理和资源化率，$(\%)$；

$LPBW_{ik}^{\pm}$ 表示第 k 阶段子区域 i 内畜禽养殖粪便总产生量，(t/a)；

$ACPR_k^{\pm}$ 表示第 k 阶段循环水清洁养殖比例，$(\%)$；

$CFA_{ik}^{\pm}$ 表示第 k 阶段子区域 i 内水产养殖面积，(hm^2)；

$EWS_k^{\pm}$ 表示第 k 阶段设计生态湿地工程的最低满足程度，$(\%)$；

EWA 表示设计氮磷拦截工程的面积，(hm^2)；

$RRE_k^{\pm}$ 表示第 k 阶段河滨带建设最低满足程度，$(\%)$；

TRE 表示设计的河滨带建设的面积，(hm^2)；

$AWP_k^{\pm}$ 表示第 k 阶段入湖河流生态湿地和生态隔离带最低满足程度，$(\%)$；

AAW 表示设计的生态湿地和生态隔离带面积，(hm^2)；

$DTP_k^{\pm}$ 表示第 k 阶段河道综合整治的比例，$(\%)$；

TLD 表示河道综合整治的长度，(km)。

为解决模型中参数不确定性的问题，部分参数和结果可采用区间数表示，设置参数上下限，求解过程分为两个子模型分别求解。

流域内污染源主要包括工业污水排放源、城镇生活污染源、农村生活污水排放源、种植业污染排放源、畜禽养殖污染排放源、水产养殖污染排放源。

计算过程设定置信水平 $1-q_i$，要求 TN 及 TP 允许入湖量约束成立的概率水平至少要大于置信水平 $1-q_i$,可考虑违反概率为 0、0.01、0.05 和 0.1 等情况。

(2)营养物削减方案及成本

根据评估区域社会经济环境的实际状况确定模型参数及约束条件,用 LINGO 软件对 ICILP 模型进行编程求解。在满足营养物削减量的前提条件下,可得到评估区域营养物削减成本最小的优化方案,即可得到不同违反概率水平下评估区域各阶段不同类型工程措施在各个子区域内的规模、建设成本和维护成本。

6.1.5 最适技术效果分析

对各类工程措施在各阶段、各子区域中的规模及 TN、TP 等营养物削减量及占比等进行分析,对营养物削减量进行排序,得出营养物削减量大的优先工程措施。

6.2 太滆运河水环境容量及营养物削减量

6.2.1 水环境容量

按照水功能区划原则及江苏省功能区的划分,研究区域内主要河道不同规划时间段功能定位及水质目标如下(表 6-1)。

表 6-1 区域内主要河道功能定位及功能区划水质目标

河名	河道起止	规划功能	现状目标	近期目标	远期目标
太滆运河	滆湖—坊前	饮用,工业,农业	Ⅳ	Ⅲ	Ⅲ
太滆运河	坊前—锡溧运河	工业,农业	Ⅳ	Ⅲ	Ⅲ
太滆运河	锡溧运河—太湖	工业,农业	Ⅳ	Ⅳ	Ⅲ

6.2.2 营养物削减量

根据相关的技术方法及太滆运河污染物入湖通量现状总量,可得到当前太滆运河污染物应满足的削减量(表 6-2),当前区域内总氮及总磷的削减规模应分别达到 638.3 t/a 及 37.4 t/a。

表 6-2　太滆运河当前应有的 TN、TP 削减量

	TN	TP
容量(t/a)	513.4	26.2
MOS(t/a)	25.7	1.3
可分配容量(t/a)	487.7	24.9
区域入湖量(t/a)	714.4	44.5
入湖总量(t/a)	4 579.5	156.9
总削减量(t/a)	4 091.8	132.0
削减率(%)	89.35	84.13
区域削减量(t/a)	638.3	37.4

6.3　优化组合工程方案及最佳适用技术

6.3.1　营养物削减最小成本

根据区间参数机会约束线性规划 ICILP 模型,求得太滆运河区域营养物削减最小成本为 7.468 亿元,具体空间及时间构成如下(表 6-3、6-4)。其中,南夏墅、前黄、雪堰三个子区域的总成本(包括建设成本和维护成本)分别为 2.674、2.871、1.923 亿元。不同时段(时段一为现状跨年 5 年、时段二为近期跨年 5 年、时段三为远期跨年 10 年)的总成本依次 4.375、1.164、1.929 亿元,主要集中在时段一。

表 6-3　子区域建设成本及维护成本　　　　　　　(单位:亿元)

内容	南夏墅	前黄	雪堰	总和
总投资	2.674	2.871	1.923	7.468
建设成本	2.442	2.623	1.768	6.833
维护成本	0.232	0.248	0.155	0.635

表 6-4　不同时段建设成本及维护成本　　　　　　(单位:亿元)

内容	时段一	时段二	时段三	总和
总投资	4.375	1.164	1.929	7.468
建设成本	4.260	0.981	1.592	6.833
维护成本	0.115	0.183	0.337	0.635

6.3.2 营养物削减优化组合工程方案

以满足营养物水质达标为前提,以污染物控制成本最小为约束,得到 12 类工程(工业污水提标改造处理工程、工业企业清洁生产工程、农村生活污水处理工程、城镇污水管网建设工程、城镇污水处理厂建设工程、畜禽养殖粪便无害化处理工程、种植业污染控制工程、循环水池清洁养殖工程、河滨带建设工程、太滆运河片区河网综合治理工程、太滆运河生态湿地和生态隔离带建设工程、太滆运河农业氮磷拦截工程)空间及时间的组合方案,具体情况如下:

表 6-5 子区域工程方案

工程类型	工程量			
	南夏墅	前黄	雪堰	总和
$j=1$ 工业污水提标改造处理工程($m^3 \cdot d^{-1}$)	6 652	4 880	4 807	16 339
$j=2$ 工业企业清洁生产工程($m^3 \cdot d^{-1}$)	6 230	4 880	4 807	15 917
$j=5$ 农村生活污水处理工程($m^3 \cdot d^{-1}$)	5 897	2 284	2 954	11 135
$j=4$ 城镇污水管网建设工程($m^3 \cdot d^{-1}$)	5 285	3 129	2 186	10 600
$j=3$ 城镇污水处理厂建设工程($m^3 \cdot d^{-1}$)	566	305	178	1 049
$j=7$ 畜禽养殖粪便无害化处理工程($m^3 \cdot d^{-1}$)	97	63	54	214
$j=6$ 种植业污染控制工程(hm^2)	2 175	2 880	1 743	6 798
$j=8$ 循环水池清洁养殖工程(hm^2)	247	790	84	1 121
$j=10$ 河滨带建设工程(hm^2)	160	130	170	460
$j=12$ 太滆运河片区河网综合治理工程(hm^2)	56	91	65	212
$j=11$ 太滆运河生态湿地和生态隔离带建设工程(hm^2)	67	78	55	200
$j=9$ 太滆运河农业氮磷拦截工程(hm^2)	20	23	17	60

表 6-6 不同时段工程方案

工程类型	工程量			
	时段一	时段二	时段三	总和
$j=1$ 工业污水提标改造处理工程($m^3 \cdot d^{-1}$)	11 269	937	4 133	16 339
$j=2$ 工业企业清洁生产工程($m^3 \cdot d^{-1}$)	4 942	5 847	5 128	15 917
$j=5$ 农村生活污水处理工程($m^3 \cdot d^{-1}$)	4 810	3 363	2 962	11 135
$j=4$ 城镇污水管网建设工程($m^3 \cdot d^{-1}$)	6 062	1 858	2 680	10 600

工程类型	工程量			
	时段一	时段二	时段三	总和
$j=3$ 城镇污水处理厂建设工程（$m^3 \cdot d^{-1}$）	214	328	506	1 048
$j=7$ 畜禽养殖粪便无害化处理工程（$m^3 \cdot d^{-1}$）	96	64	54	214
$j=6$ 种植业污染控制工程（hm^2）	6 372	168	258	6 798
$j=8$ 循环水池清洁养殖工程（hm^2）	439	272	410	1 121
$j=10$ 河滨带建设工程（hm^2）	231	91	138	460
$j=12$ 太滆运河片区河网综合治理工程（hm^2）	78	56	78	212
$j=11$ 太滆运河生态湿地和生态隔离带建设工程（hm^2）	150	0	50	200
$j=9$ 太滆运河农业氮磷拦截工程（hm^2）	24	18	18	60

6.3.3 营养物削减最适技术

依据 12 类工程的工程量方案，可得到各类工程对营养物削减的效果。无论是总氮削减量还是总磷削减量，前三位工程均是农村生活污水处理工程、畜禽养殖粪便无害化处理工程、种植业污染控制工程，此三类工程合计对氮、磷的去除贡献率分别达到了 64.4% 和 49.7%，因此，这三类工程是营养物削减应优先考虑的最适技术。具体情况如表 6-7、6-8 所示。

表 6-7　子区域各工程方案 TN 削减量

内容	TN 削减量（t/a）				贡献率
	南夏墅	前黄	雪堰	总和	
$j=5$ 农村生活污水处理工程	52.484	20.332	26.295	99.111	32.9%
$j=7$ 畜禽养殖粪便无害化处理工程	22.204	14.528	12.375	49.107	16.3%
$j=6$ 种植业污染控制工程	14.616	19.354	11.713	45.683	15.2%
$j=10$ 河滨带建设工程	9.523	7.738	10.118	27.379	9.1%
$j=3$ 城镇污水处理厂建设工程	10.918	5.887	3.433	20.238	6.7%
$j=11$ 太滆运河生态湿地和生态隔离带建设工程	6.211	7.231	5.099	18.541	6.2%
$j=9$ 太滆运河农业氮磷拦截工程	5.056	5.814	4.298	15.168	5.0%
$j=12$ 太滆运河片区河网综合治理工程	2.442	3.968	2.835	9.245	3.1%
$j=8$ 循环水池清洁养殖工程	1.903	6.085	0.643	8.631	2.9%
$j=2$ 工业企业清洁生产工程	2.093	1.640	1.615	5.348	1.8%

续表

内容	TN 削减量(t/a)				贡献率
	南夏墅	前黄	雪堰	总和	
$j=1$ 工业污水提标改造处理工程	1.138	0.835	0.822	2.795	0.9%
$j=4$ 城镇污水管网建设工程	0.000	0.000	0.000	0.000	0.0%
总计	128.588	93.412	79.246	301.246	100.0%
区域削减百分比	42.7%	31.0%	26.3%	100.0%	—

注:因计算时采用四舍五入保留法,导致贡献率总计值存在 0.1%误差。

表 6-8　子区域各工程方案 TP 削减量

内容	TP 削减量(t/a)				贡献率
	南夏墅	前黄	雪堰	总和	
$j=5$ 农村生活污水处理工程	1.687	0.653	0.845	3.185	20.0%
$j=7$ 畜禽养殖粪便无害化处理工程	1.349	0.882	0.752	2.983	18.7%
$j=6$ 种植业污染控制工程	0.559	0.740	0.448	1.747	11.0%
$j=10$ 河滨带建设工程	0.536	0.436	0.570	1.542	9.7%
$j=8$ 循环水池清洁养殖工程	0.302	0.964	0.102	1.368	8.6%
$j=11$ 太滆运河生态湿地和生态隔离带建设工程	0.442	0.515	0.363	1.320	8.3%
$j=12$ 太滆运河片区河网综合治理工程	0.315	0.512	0.366	1.193	7.5%
$j=3$ 城镇污水处理厂建设工程	0.583	0.314	0.183	1.080	6.8%
$j=9$ 太滆运河农业氮磷拦截工程	0.282	0.324	0.240	0.846	5.3%
$j=2$ 工业企业清洁生产工程	0.174	0.136	0.134	0.444	2.8%
$j=1$ 工业污水提标改造处理工程	0.094	0.069	0.068	0.231	1.5%
$j=4$ 城镇污水管网建设工程	0.000	0.000	0.000	0.000	0.0%
总计	6.323	5.545	4.071	15.939	100.0%
区域削减百分比	39.7%	34.8%	25.5%	100.0%	—

注:因计算时采用四舍五入保留法,导致贡献率总计值存在 0.1%误差。

　　从区域间的削减分配来看,南夏墅、前黄、雪堰对 TN 的削减需分别达到三地削减量总和的 42.7%、31.0%、26.3%,对 TP 的削减需分别达到 39.7%、34.8%、25.5%。

第七章

营养物削减、达标应用
技术优化模型软件系统

7.1　目标与原则

营养物削减达标技术优化模型软件系统的总体目标是利用成熟的 WebGIS（万维网地理信息系统）、网络和数据库等技术，以电子地图、影像图为基础，运用地理信息系统强大的空间分析能力、图形表达显示功能、信息管理和分析功能，为更好地展示太湖运河污染现状、采用污染防控措施提供技术依据。该系统是提高水环境管理水平的理想工具。

太湖流域典型区域营养物削减与达标应用平台开发过程中应严格遵循软件工程和系统工程的要求，坚持以"统筹规划、联合建设、分步实施、互联互通"为指导思想，以"实用、高效、先进、可靠、安全"为基本准则，建立"规范、安全、开放"的信息化平台。

营养物削减达标技术优化模型软件系统是一个系统工程，在设计和实施上应该遵循以下几方面的原则：

（1）先进性和实用性原则

系统设计和实施应采用成熟的先进技术，网络满足多媒体通信的要求，计算机硬件和软件以及数据库平台支撑工具采用先进、稳定、能满足海量数据存储与管理的主流产品，系统结构合理，数据处理速度快、冗余性强、实用性强。

（2）开放性原则

信息系统的开放性可以说是系统生命力的表现，只有开放的系统才能够兼容和不断发展，才能保证前期投资持续有效，保证系统可分期逐步发展和整个系统的日益完善。系统在运行环境的软、硬件平台选择上要符合工业标准，具有良好的兼容性和可扩充性，能够较为容易地实现系统的升级和扩充。

（3）标准化原则

标准化是信息系统建设的基础，也是系统与其他系统兼容和进一步扩充的根本保证。因此，对于一个信息系统来说，系统设计和数据的规范性和标准化工作是极其重要的，这是各模块可正常运行的保证，是提升系统开放性和实现数据共享的需要。

（4）规范化原则

系统设计采用"动态体系设计法"，严格按照软件工程的步骤（可行性论证、用户需求、初步设计、详细设计、项目实施计划、系统测试、系统试运行、系统验收）合理规范工程的实施过程。针对每一阶段，将提供相应阶段的书面报告。同时对相关配合、监督工作及应提供的相关资料提出统一需求，并对每一阶段的成果进行及时的检验。

（5）安全性和保密性原则

系统的网络配置和软件系统应充分考虑数据的保密与安全。多用户任务实时操作，并能够对用户权限进行严格的设定，确保网络安全可靠地运行。数据在发布前，要根据规则做变形处理，以预防数据泄露或泄密的情况发生。

（6）稳定性原则

稳定性一般包括系统的正确性、健壮性两个方面：一方面，系统在提交前应该经过反复测试，保证系统长期的正常运转；另一方面，系统必须有足够的健壮性，在发生意外的软、硬件故障等情况下，能够很好地处理、给出错误报告，并且能够及时恢复，减少损失。系统设计结构合理，系统运行稳定可靠。

7.2　需求分析和功能组织

（1）适用用户：日常监测管理人员、科研人员、计划和措施决策部署人员。

（2）业务管理：水质水环境监测、排污管理、查询、统计和报告、空间可视化展示、计划管理、事件响应。

（3）数据查询：基础地理数据、基础水文地质信息、社会经济基础数据、污染源信息、监测断面数据、处理设施信息。

（4）技术功能：GIS 空间数据管理技术、空间决策支持技术、地理信息发布技术。

（5）运行功能：查询浏览、空间分析、决策支持、管理业务集成应用、维护管理。

7.3　系统设计

本软件系统定位为基于最新 HTML5 技术标准的集成 GIService（地理信息服务）的轻量级、开放式 WebGIS 系统，基本设计思想为通过 HTML5 新增矢量数据的直接支持实现图形绘制和交互，以一套代码支持各主流浏览器（含移动端），摆脱传统 WebGIS 对第三方插件实现矢量数据可视化的依赖。

本软件系统在客户端网页矢量数据的绘制和渲染方面，根据基于 Path（路径）的地图符号数据结构，利用 JSP（Java Server Pages，一种动态网页开发技术）对矢量地图进行可视化，组织了矢量点、线、面状符号，存储在一个二维符号库中供用户调用，同时结合 Ajax（异步 JavaScript 和 XML）、Web Service、XML

（可扩展置标语言）和 GML（地理置标语言）等技术，以及 OGC（开放式地理信息系统协会）的一系列数据共享和互操作标准，构建上述开放式 WebGIS 系统，并实现异构空间数据的共享和互操作。

在本软件系统中，客户端只实现基本的图形显示、查询和操作、简单的空间分析等功能，复杂的空间分析功能则请求互联网上任何支持 OGC 地理信息 Web 服务规范的服务器，大大减少了客户端的代码量，简化了系统结构。

（1）技术架构

本系统构建的 WebGIS 系统主要由三个模块构成：客户端、Web 服务器以及数据库。

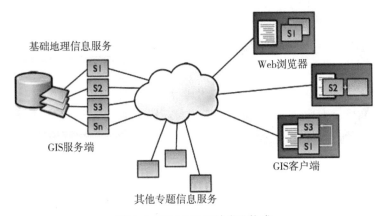

图 7-1　WebGIS 系统主要构成

数据库：软件系统采用 MS SQL Server（微软公司推出的关系型数据库管理系统）作为主要数据资源存储库，以 Java 为程序设计语言来实现服务器端对客户端各种操作的反应。

客户端：客户端采用谷歌 Chrome、Mozilla FireFox（谋智火狐）、微软 IE11 等支持 HTML5 标准的现代浏览器软件作为图形浏览实现的平台，无须专门开发其他的可视化界面。

GIS 服务端：GIS 服务端选用 ArcGIS Server 软件。ArcGIS Server 是 ESRI 公司主要的服务端 GIS 产品，用来创建和发布地理空间网络服务，它支持从桌面到网络到移动设备的多种客户端，也提供多种相应开发包。

体系结构：从软件系统安全性、稳定性、用户使用的方便性考虑，采用 B/S（Browse/Server，浏览器/服务器）结构为主，C/S（Client/Server，客户端/服务器）结构为辅的混合模式。其中，B/S 方式用于一般业务数据查询和浏览。B/S 的特点在于具有广泛的信息发布能力。它对前端的用户数目没有限制，客户端只需要普通的浏览器即可,不需要其他任何特殊软件,对网络也没有特殊要求,操作十分简便。采用 B/S 方式,用户数可以任意扩充,客户端不需要维护,从长远来看,会大大节省成本。社会公众采用通用的网络浏览器通过互联网 IE 查询、提交需求,Web 发布服务器通过访问外部数据库对用户进行响应。C/S 结构在客户端和服务器端分担了业务的载荷,故可以解决 GIS 空间图形数据在网上传输量大、处理起来复杂、计算量大的难题。用 C/S 结构进行数据维护,能满足内部用户业务处理的需要。通过专门的工具及软件与后台数据库可进行数据的动态交换。

(2) 数据库组成

系统集成了 GIS 数据和本地数据库非空间属性数据,其中 GIS 数据是 ArcGIS Server 服务器发布的,而非属性数据由 J2EE(Java 2 平台企业版)服务器发布的服务提供,两者统一展现在基于 JSP 技术开发的具有丰富表现力的客户端。

软件系统主要数据分为空间数据和非空间数据。其中空间数据中分为基础底图数据和环境专题数据,非空间数据分为环境统计数据和多媒体数据。

基础底图数据库:分基础地理信息、环境基础地理信息、各专项环境地理信息等三大类别的地理数据,数据的类型包含各种比例尺的矢量地图、各种分辨率的影像地图等。基础地理信息数据的内容包括行政区划、水系、道路、绿化、文教医卫、居民地以及其他数据。

环境专题数据库:包括环境功能区划数据、环境质量数据、在线监测数据、污染源数据、排污口数据、污水处理设施数据、环境投诉数据等。

环境统计数据库:通过对环境信息库的加工整理、统计分析,产生环境统计数据库。

多媒体数据库:包括各种照片、监测视频等数据。

以上数据的统一组织与管理形成了一个综合的环境信息系统数据库。各类数据之间紧密结合、相互关联,并存储在统一的数据库中,为环境信息的综合应用提供了基础。

(3) 基于 HTML 的 WebGIS 系统开发技术路线

自主开发 HTML5 架构使得 WebGIS 系统开发变得相当简洁,并且有很好的伸缩性。系统开发步骤可以概括为以下 4 部分:发布地图相关的服务;设计界面元素(UD),加载并使用相应的地图资源(使用 MXML 或 ActionScript3);编译,在浏览器中调试(测试运行效果);发布并部署系统。

开发流程大致如图 7-2 所示。

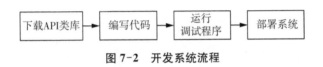

图 7-2   开发系统流程

具体工作包括：

①数据采集：包括基础地理数据采集、环境功能区划采集、污染源普查、污染源地理定位、实时自动监测等各种技术手段与方法。其中,基础地理数据采用航空影像采集、GPS采集以及其他地理数据采集方法；环境功能区划采用环境统计、环境监测与地理信息相结合的方式建立,实现环境信息与地理信息的完整结合；污染源数据是在全国污染源普查数据库的基础上,针对每一个污染源进行地理定位,准确地在电子地图上表现出普查源的位置,为普查数据增加了重要的地理信息,实现了普查数据与地理数据的一体化管理。

②数据合法性检查：在数据采集的过程中,建立了一系列的数据检查手段和方法。例如：采用直观的电子地图表现方式,检查空间定位的正确性；采用数据约束关联,检查数据的完整性与正确性。

③环境信息地理化：采用各种地图定位方式为环境信息增加空间属性,或者采用空间关联的方式实现环境信息在电子地图上的显示。

④数据变换：通过从庞大的环境信息数据库中进行数据统计分析,建立统计分析库,以供信息发布和信息检索之用。

⑤统计分析：可对环境信息进行地理空间分析和环境分类统计分析。

⑥图表动态展示和输出：通过各种查询统计方式获得输出数据,以图表、专题地图等方式来进行直观的输出。

⑦综合应用：在基础环境信息库的基础上,开发一系列的分析功能,为环境分析决策提供支持。

⑧信息发布：针对一些需要公开的环境统计信息,采用不同的表现方式进行公众发布。

⑨数据管理：为了有效实现数据管理,支撑上述功能,采用元数据管理方式来定义数据的描述、数据的存储方式、数据的表现方式、数据的管理方式,通过对元数据库的维护来实现应用功能的升级、系统功能的变更。

7.4   主要功能组成

系统由于采用B/S架构建设,分为后端(后台)功能和前端功能,两者彼此交叉、环环相扣,提供包括信息查询、时空分析、空间可视化、决策支持、业务化运行和数据维护共 6 大部分的用户业务应用功能(图 7-3)。

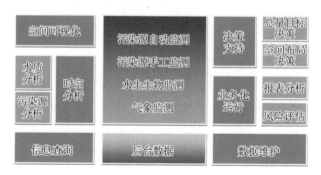

图 7-3　系统功能组织

　　系统呈现给用户的前端功能主要由信息查询、时空分析、决策支持、业务化运行和数据维护五个大组,共计 20 项具体功能组成,如图 7-4 所示。

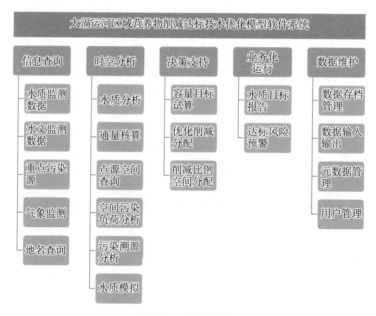

图 7-4　系统功能

7.4.1　信息查询

(1) 水质水文监测数据信息查询

　　采用 Java 与 Jsp 结合的查询方式,在有良好的表达基础之上,确保了查询的效率与效果。用户可以在左侧列表中点击查询,也可以在图面上标记处点击查询(图 7-5)。

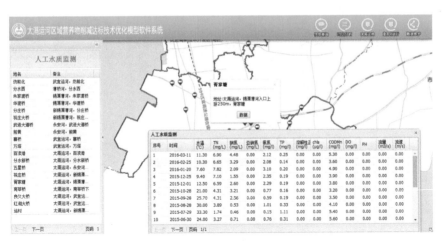

图 7-5　水质监测数据信息查询页面

（2）重点污染源查询

用户可以根据名称关键字、列表或图面标记点，检索和查询重点污染源相关信息（图 7-6）。

图 7-6　重点污染源查询页面

（3）气象监测

用户可根据点位查看其详细监测信息并进行数据的导出（图 7-7）。

（4）地名查询

针对流域涉及的行政村级区划、自然村名称等信息复杂且无准确定位的特征，为方便空间大致区域的确定，设计了地名查询功能，即根据关键字可以快速定位到图面相关的区域。

图 7-7　气象监测页面

7.4.2　时空分析

采用 Jsp 与 Java 技术进行集成开发,实现地图图面的空间交互,完成空间分析和时间序列分析的相关功能。

（1）水质水文分析——时间分析

系统会根据时间序列绘制出所查询指标的折线图（图 7-8）。

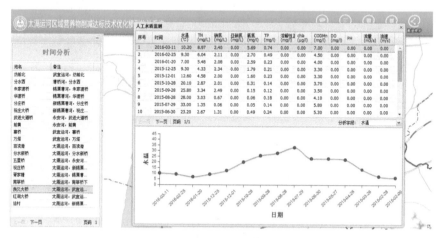

图 7-8　水质水文时间分析页面

（2）水质水文分析——空间分析

用户可以在查询框上方的查询条件列表中选择分析时间、分析字段、分析河流等指标,系统会各监测站点空间位置序列绘制出所查询指标的折线图（图 7-9）。

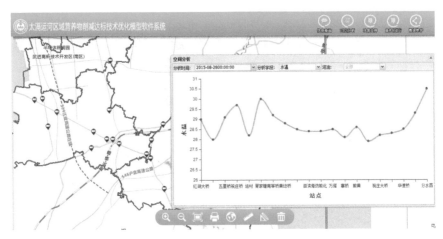

图7-9　水质水文空间分析页面

（3）水质模拟

通过自动载入或人工输入采样点污染浓度，系统可以模拟区域范围内的整个水体的污染浓度分布（图7-10）。

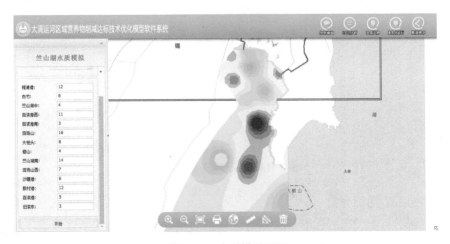

图7-10　水质模拟页面

（4）重点污染源

系统可通过用户绘制的任意范围查询空间范围内的污染源信息，并统计分析该区域范围内所有点源的各种污染物的排放量（图7-11）。

（5）面源负荷分析

系统可以通过空间可视化方式显示面源空间污染负荷，并绘制任意范围统计范围内的污染负荷（图7-12）。

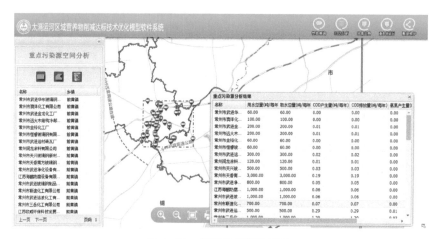

图 7-11　点源空间查询页面

图 7-12　空间污染负荷页面

（6）污染溯源分析

溯源分析功能以河流断面检索为入口进行操作。通过河流断面和上下游空间关系的建立，提供框选、列表、上下游链接等方式帮助用户查询断面水质数据和相关断面信息。当用户确定断面之后，系统将提供断面空间覆盖范围分析。用户可以对该范围内的所有点、面源进行检索，以确定污染源。用户也可以点击断面详情对话框中水污染物浓度信息的浓度值，系统会对涉及该污染物的污染源进行排序，并筛选重要的信息，供用户确定潜在重点监察污染源以便加强管理。

系统以监测断面特定时刻的某一个污染物浓度为入口，开始污染溯源分析操作，从该断面开始回溯对应的污染物入河相关河段、来源空间范围，并判断各个空间单元的产污强度。

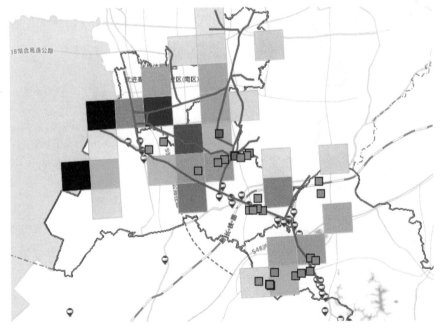

站点ID：【1】
站点名称：黄垬桥自动站

水质查询和污染溯源　年度TMDL分析

溯源污染物：NH4-N　　同位素过滤：●不过滤 ○生活_养殖 ○工业_种植　　在地图上显示溯源结果

点源　　面源格网

格网编号	名称	COD [kg/d]	NH4X [kg/d]	TN [kg/d]	TP [kg/d]
47	凤凰_夹阖	63.88	63.70	30.38	203.04
82	石柱塘北	102.79	63.19	50.73	315.83
56	运村	107.78	61.17	40.51	365.05
67	澶湮_小渣	77.14	57.72	28.76	327.32
57	夏璧西北	74.52	56.71	34.54	232.21
54	大成	79.47	54.52	33.36	292.17
30	浒庄	61.92	53.89	29.61	190.91
46	夏璧东南	121.02	48.92	49.61	337.00
28	洧桥_新康	97.90	39.34	30.36	266.92
45	蕃塘东	44.83	37.93	26.02	142.13
74	圬前_前棋	85.48	37.15	29.62	272.64
66	澶湮西	41.89	35.76	22.34	152.06
18	楼村	32.21	33.97	18.51	104.09
89	塘洋北	32.52	23.70	17.67	100.52

图 7-13　溯源结果列表页面

溯源结果以列表形式返回（图 7-13），并与地图上的图形关联对应，进行空间可视化（图 7-14）。

图 7-14　溯源结果空间可视化页面

7.4.3　决策支持

（1）通量核算

通过对课题研究成果通量核算模型的集成，使用特别设计的空间线状地物着色器，将通量核算结果可视化（图7-15）。

图 7-15　通量核算页面

（2）容量目标管理

容量目标管理是以历史数据综合统计为基础，计算给定时段（年份）的达标率，并根据统计分析给出目标建议。用户可以输入相对建议浓度标准的倍率，并查看达标率统计图、统计量的变化（图7-16）。

（3）优化削减分配

通过优化削减分配模型计算，给出最优组合结果（图7-17）。

该功能以断面覆盖在一个确定的空间范围内，通过可用和现存治理措施的检索，列表显示当前污染物削减能力和投资资金量，提供用户可修改、设定采取的治理措施及其治理能力的功能，并给出修改后的总削减能力和总投资。通过最优削减模型，在用户给定的削减量下，给出措施和投资组合，作为辅助决策支持。

系统设定决策变量 X_{ijk}，表示第 i 个子区域内第 j 种工程处理措施在第

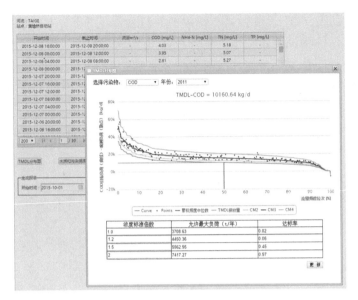

图 7-16 容量目标试算页面及结果

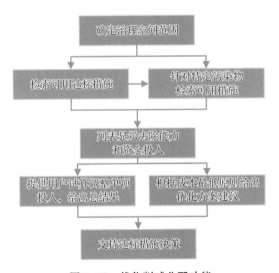

图 7-17 优化削减分配功能

k 阶段的新增规模,其中:

i 表示子区域,j 表示工程处理措施,k 表示时期。

$I=(1,2,3)$,$i=1$ 为南夏墅区;$i=2$ 为前黄镇;$i=3$ 为雪堰镇(部分)。

$J=(1,\cdots,12)$,$j=1$ 为工业污水提标改造工程;$j=2$ 为工业企业清洁生产工程;$j=3$ 为城镇污水处理厂建设工程;$j=4$ 为城镇污水管网建设工程;$j=5$ 为农村生活污水处理工程;$j=6$ 为种植业污染控制工程;$j=7$ 为畜禽养殖粪便无害化处理工程；$j=8$ 为循环水池清洁养殖工程；$j=9$ 为太滆运河农业氮磷拦截工程；$j=10$ 为河滨带建设工程；$j=11$ 为太滆运河生态湿地和生态隔离带建设工程；$j=12$ 为太滆运河片区河网综合治理工程。

$K=(1,2,3)$，$k=1$ 为近期，2008—2012 年；$k=2$ 为中期，2013—2020 年；$k=3$ 为远期，2020—2030 年。

通过最优化解得到在满足水环境容量、最优的费用-效益比情况下，所需的工程措施方案（图 7-18）。

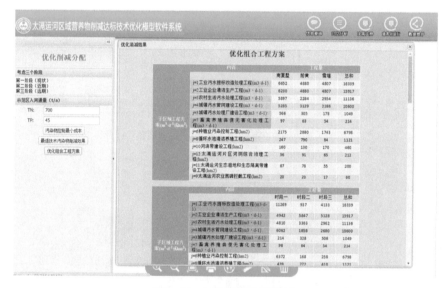

图 7-18 工程措施方案页面

（4）削减比例空间图

以空间可视化方式给出不同空间单元的削减量（图 7-19）。

7.4.4 业务化运行

系统业务化运行以集成的方式一键提供统计报告、风险预警等子功能。通过集成 TMDL 计算、自动监测信息、累计风险模型等数据和模型，系统可在任意时段生成报告，通过比较目标容量和实际排放量之间的差异，给出削减目标。平台实现业务化运行期间，每月给出报告，并根据达标概率进行风险评价和预警提示。

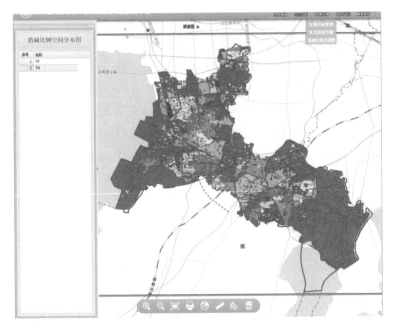

图 7-19　削减量可视化页面

7.4.5　数据维护

　　太滆运河区域营养物削减达标技术优化模型软件系统的数据维护涵盖了多个方面，其中包括数据存档管理、数据输入输出、元数据管理，以及用户管理等重要功能。首先，数据存档管理的目的是确保系统稳定性和数据完整性，它涉及对历史数据的存储、备份和恢复，以及对数据版本的管理，以确保数据的可追溯性和可靠性。其次，数据输入输出是系统与外部环境进行信息交换的重要途径，包括数据的采集、传输、处理和输出，需要确保数据的准确性、及时性和安全性。同时，元数据管理则是对数据进行描述和管理的关键，包括数据结构、格式、定义、标签等信息的管理，以便于数据的理解、查询和利用。最后，用户管理是保障系统安全和权限控制的关键，包括用户身份验证、权限分配、操作日志记录等功能，以确保系统的合规性和安全性。

7.5　系统关键技术

　　软件系统在 WebGIS 的体系结构下建设成为具有高度互动性、丰富用户体验以及强大功能的丰富互联网程序（RIA，Rich Internet Applications）。在这种体系结构下,以前所谓单一数据中心的概念已不复存在,地理信息可能分布在网络的任何节点,如何使用户在浩如烟海的信息中发现和使用需要的数据变得十分迫切。此外,从历史角度看,地理信息系统已经积累了大量不同格式的数据,如何有效管理这些数据并且实现地理信息共享也是一个很重要的问题。面对这一现状,若在 RIA 环境下进行空间数据存储、传输和表现,客户端无须额外下载任何数据处理部件就能获得比较令人满意的结果。对于众多的非专业用户来说,一方面可方便地通过各种通用的 RIA 可视化创作、编辑工具来组织并发布自己的空间信息资源,从而使地理信息资源和其他网上资源一样,被整个社会方便地共享,充分发挥其应有的价值;另一方面,基于 HTML 构建的 WebGIS 使客户端用户面前的地图具有更丰富的界面表现力,且支持复杂的图形交互,使 WebGIS 能够成为真正的交互式系统。此外,HTML 自身的技术特点决定了它比较适合以数据为中心的大型应用程序。HTML WebGIS 是在 GIS 从以系统为中心向以数据为中心转变的过程中发展起来的,天生具有以数据为中心的需求。所以无论从实践还是理论上讲,HTML 对于 WebGIS 都具有重要意义。

(1) 空间信息组织

空间数据是指用来表示空间实体的位置、形状、大小及其分布特征诸多方面信息的数据,它可以用来描述来自现实世界的目标,具有定位、定性、时间和空间关系等特性。空间关系通常一般用拓扑关系表示。空间数据是一种用点、线、面以及实体等基本空间数据结构来表示人们赖以生存的自然世界的数据。空间数据一般是分图层的,类型和属性相似的图元被组织到一个图层里,一个图层对应一张表,一个图元就是其中的一条记录,如图 7-20 所示,所有图元(记录)具有相同的属性字段,每张表通常由属性字段和图形字段组成。

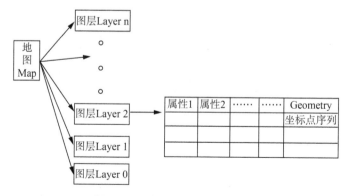

图 7-20　地图、图层与属性关系

图元的坐标数据存储在 Geometry(几何)字段中。有的底层 Geometry 是单独管理的,只存储图形和属性关联的索引信息,即图形文件中此图元坐标序列的文件起始地址(数据库最底层也是通过文件磁盘管理实现的),而在图形文件中也存储了相应属性记录的索引位置。在这张表里,对某个字段查询时,通常需要建立这个字段的索引,以加快查询的效率,根据各个字段数据类型的不同,所采用的索引方式也不一样。比如,对 Int 类型的字段建索引,最简单的方式是建立一个二分查找树索引;对 Geometry 字段,则应建立空间索引(R 树、四叉树、网格等)。

"聚簇"在数据库原理和文件系统中经常见到,它是指记录按某个字段索引物理排序,主要的目的就是为了按这个字段检索时,在物理层面保证高的读取效率。"聚簇"使得索引顺序靠得近的记录,物理存储的时候也靠近存储,因此,范围查找时,用更少的 Iro 就能连续地读取到所需的记录。由此可见,记录的排列顺序往往显得非常重要。但一张表只能按一个字段索引进行物理排序。图形数据经常涉及空间范围查询,地图仅显示一块空间上靠得很近的图元,需要对 Geometry 字段进行"聚簇"。然而二维空间的聚簇不同于一维索引,无法做到百分百的聚簇,目前可以采用 Hilbert(希尔伯特)填充曲线的排列顺序来近似地对二维图形进行聚簇,以提高空间数据物理读取的性能,其图形数据读取流程与属性数据类似。如图 7-21 所示。

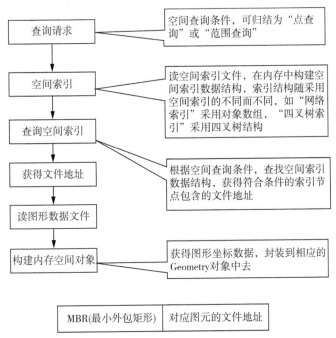

图 7-21 空间数据读取流程(从"坐标二进制"到 Geometry 相应的对象)

在空间数据量较小、硬件内存较大的情况下,可以把空间数据全部装载进内存。如果空间数据量比较大,或内存较小的时候,应采用"按需读取,适当缓存"的策略,即当前不需要的空间数据,不读进内存,只读当前需要的。同时,采用对象缓存池策略,建立对象缓存池数据结构。该数据结构与空间索引数据结构相同,即暂时不用的数据不立即淘汰,先放到缓存池中,如果下次再需要,就不需要再读文件,直接从缓存池中读取,从而提高了效率;设定缓存池上限,当缓存池超过上限的时候,采用空间距离淘汰策略进行对象淘汰,即把离当前窗口最远的对象给释放掉(这是基于"距离当前窗口远的图元被再次访问的概率较低"的假设)。空间数据读入内存之后,在内存中形成各种空间对象,下一步对空间对象进行图形渲染。如图 7-22 所示。

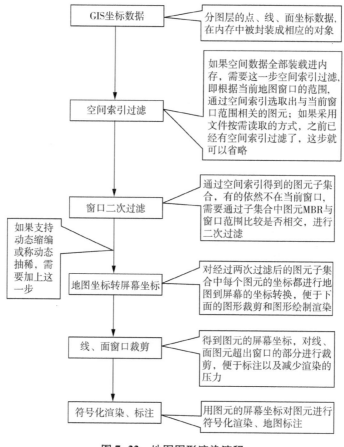

图 7-22　地图图形渲染流程

　由于 RIA 文档只能支持有限的图形元素,为了有效地通过 RIA 对地图要素进行描述,需要将地图要素按空间实体模型来进行组织。一般若干地理实体表现为一个图层,一个图层可以包含不同类型的地理实体,若干图层组成一幅地图。其中每个实体的几何类型可以表示为点、线、多边形等中的一种。此外,由于地理空间数据信息量大、检索算法复杂,所以处理效率不容忽视。为此补充以下考虑:

①由于每个图层都可能包含不同集合类型的实体,空间数据关系非常复杂(包括拓扑关系和距离关系等),各种关系的计算量很大,在进行空间数据组织时,需要利用冗余信息来保存各种关系,以提高检索效率;

②由于数据源的分布性,进行网络上的分布计算必然会导致空间数据在网络上流动,为了减少空间数据的网络传输,将地理空间数据规划为基本数据和派生数据,基本数据必须通过网络传输,派生数据可以利用基本数据和 RIA 相对强大的客户端计算能力计算生成。

(2) 瓦片技术

为了提高数据获取和显示速度,将瓦片技术引入到软件系统中。按照金字塔结构将地图划分为 $2×2$ 等份,并作为第一层;然后对其中每一份再次进行 $2×2$ 等分,作为第二层;依次类推。第一、二层之间的对应关系如图 7-23 所示,并建立金字塔结构索引。每层每一个划分后的矩形区域对应的地图数据称为瓦片。金字塔索引采取四叉树结构,与传统线性四叉树只存储叶节点信息不同,金字塔索引存储所有节点的信息,以便在不同的比例下显示不同层次的地图瓦片数据。

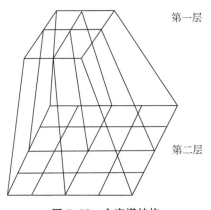

第一层

第二层

图 7-23 金字塔结构

每个节点对应一个瓦片,它包括瓦片的标识号、行列号、层次号、坐标范围。

```
Struct Tile{
int id;//瓦片标识号
inti,j;//行列号
int level;//层次号
doubleXMin,YMin,XMax,YMax;//坐标范围,包括左上角坐标和右
下角坐标
    }
```

对任何一个瓦片的坐标范围可以通过式(7-1)计算得到:

$$
\begin{cases}
XMin=MapXMin+j\times(MapXMax-MapXMin)/2^{level} \\
YMin=MapYMin+i\times(MapYMax-MapYMin)/2^{level} \\
XMax=XMin+(MapXMax-MapXMin)/2^{level} \\
YMax=YMin+(MapYMax-MapYMin)/2^{level}
\end{cases}
\tag{7-1}
$$

其中,level 为层次号;MapYMin 与 MapXMin 为整个地图左上角的坐标。由于地图数据大小固定,建立的金字塔索引基本不需要再次修改,所以索引采用分级顺序存储方式,每一级按标识号顺序存储瓦片信息,这样可以有效地提高查询效率。在发出地图请求前,客户端可以根据请求的地图范围(由左上角地图坐标 x_1、y_1 和右下角地图坐标 x_2、y_2 组成)进行计算,得出该范围覆盖到的瓦片数据的层次号和行列号,并向服务器发出请求;服务器通过索引进行检索,得出所需各瓦片数据的坐标范围(如图 7-24 阴影部分所示)。例如,先由请求范围的左上角和右下角地图坐标可以计算出这两处所在索引块的行列号为 (i_1,j_1) 和 (i_2,j_2) 且 $i_1<i_2,i_2<j_2$ 则可以得到请求范围覆盖到的瓦片行列号:

$$(i_1,j_1)(i_1+1)(i_1,j_2+2)\cdots$$
$$(i_1,j_2)(i_1+1,j_1)(i_1+1,j_1+1)(i_1+1,j_1+2)\cdots$$
$$(i_1+1,j_2)\cdots(i_2,j_1)(i_2,j_1+1)(i_2,j_1+2)\cdots(i_2,j_2)$$

假设系统每次显示四个瓦片大小的数据,则每次需要的瓦片在 4 到 9 个之间,若得至 0 的瓦片数大于 9 个,则将层次号加 1 并重新进行请求范围覆盖瓦片号的计算;若小于瓦片数 4,则将层次号减 1 再进行覆盖瓦片号的计算。之后计算得到相应的瓦片标识号,并提交服务器进行索引检索,先通过层次号的值找到对应的等级索引,再将瓦片标识号作为偏移量找到索引项,获得坐标范围。这种方式速度快,相比链式存储结构索引查询效率有非常明显的提高,从后面的运行

结果可以得到证明。接着,服务器根据请求的数据类型做出不同处理:对于栅格数据,服务器将所有请求的瓦片数据按原瓦片大小转换为栅格地图数据,再返回给客户端;对于矢量数据,则直接将请求的瓦片数据返回给客户端渲染。在客户端,FlashPlayer通过获取的索引、瓦片数据标识列表和请求范围地图坐标,计算出瓦片数据将显示的屏幕坐标位置与瓦片左上角坐标之差:

$$\begin{cases} \Delta x = (x_1 - \text{XMin}) \times \text{scale} \\ \Delta y = (y_1 - \text{YMin}) \times \text{scale} \end{cases} \tag{7-2}$$

然后将瓦片数据根据其类型,按层次在相应的位置上进行栅格或矢量渲染,这样就形成一幅完整的地图。

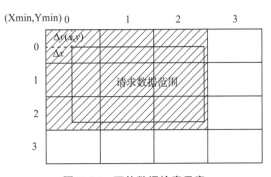

图 7-24　瓦片数据检索示意

(3)影像叠加矢量数据快速浏览

在一般的地理信息系统中,矢量数据采用了 GIS 平台提供的地图浏览技术,能够比较容易地实现矢量地图的浏览,即对影像地图采用分幅存储的文件管理方式,需要察看影像地图的时候,把对应位置的影像地图以文件为单位调入系统,进行图像浏览。此方式浏览的速度很慢,操作不方便,无法浏览大范围的影像数据。

在矢量叠加影像数据快速浏览中,影像数据库的组织采用影像压缩技术、四叉树算法来进行数据存储,把分幅影像数据进行数据压缩,采用四叉树结构对影像数据进行重新组织,按照分级分层的方式存储为影像数据库。影像数据库没有容量限制,仅仅和存储设备的容量有关。

当需要影像显示时,按照需要显示的范围和显示比例,从影像数据库中获得影像数据,采用四叉数算法快速地从影像数据库中获得当前地图范围和比例尺下的影像图,以供 GIS 影像图形显示。

影像地图显示在 GIS 平台上采用插件式功能扩充开发方式。该方式和 GIS

平台相关,在不同的 GIS 平台有不同的版本,和 GIS 平台完全融为一体,实现了 GIS 平台的影像快速浏览功能。在 GIS 平台上,把影像快速浏览功能作为 GIS 的一种特殊图层来进行统一的图层管理,可以实现影像显示的打开/关闭。当地图显示的时候,把当前地图范围、显示比例作为参数,通过影像数据快速存取模块来获得影像,然后利用 GIS 平台的图像显示功能进行影像显示。

(4) 瓦片与双缓存技术

在利用瓦片技术显示地图的基础上,将客户端、服务器端双缓存技术引入到基于 RIA 的 GIS 平台中,可以更加有效提高系统处理效率。由于每个索引项对应的瓦片数据在地图的位置、大小是固定不变的,这样的数据适合重复使用,所以利用 HTML 的缓存技术在客户端建立数据缓存,存储地图索引文件和刚刚从服务器获取的瓦片数据,在下次的地图操作时就可以先根据索引文件检索客户端缓存,已存储的瓦片数据将不需要再次请求便可被直接取出进行客户端渲染,从而提高了地图显示的效率。用户已访问地图周围的数据被进一步访问的可能性很大,因此可以预存访问可能性较大的瓦片数据。在获取请求数据后,客户端可以通过索引计算出周围最近几个瓦片数据的索引号,向服务器请求将这几个瓦片数据缓存在客户端中(如图 7-25 阴影部分所示)。例如,根据请求范围的左上角和右下角所在索引块的行列号 (i_1,j_1) 和 (i_2,j_2) 且 $i_1 < i_2, i_2 < j_1$,则可以得到将预存的瓦片数据索引块行列号:

$$(i_1-1,j_1-1)(i_1-1,j_1)(i_1-1,j_1+1)\cdots$$

$$(i_1-1,j_2+1)(i_1,j_1-1)(i_1,j_1+1)\cdots$$

$$(i_2,j_1-1)(i_2,j_2+1)(i_2,j_1-1)(i_2+1,j_1)\cdots$$

$$(i_1+1,j_2+1)\cdots(i_2+1,j_2+1)$$

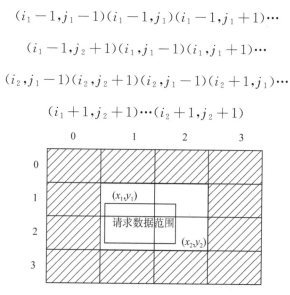

图 7-25　地图缓存预存数据示意图

当用户漫游操作到原显示区域周围时，客户端直接从缓存中取周围区域瓦片数据，并可以同时预存下次访问可能性较大的瓦片数据，这样地图显示就不会出现漫游操作地图显示过慢的问题了。在服务器端，建立服务器端缓冲区，保存客户端经常请求的数据，提高服务器的效率，从而达到提高应用程序性能的目的。服务器端缓存保存客户端请求频率较高的数据，并采用主动更新的方法，不管客户端是否有服务请求，服务器根据缓存的内容定时从数据库读取最新数据，保证服务器端缓存的内容和数据库是一致的，客户端向服务器请求数据时直接从服务器端缓存中读取，可以很大程度地提高客户端获取空间和属性数据的效率。

参考文献

［1］马文娟,刘丹妮,杨芳,等.水环境中污染物同位素溯源的研究进展[J].环境工程技术学报,2020,10(2):242-250.

［2］郭萍,李红娜,李峰.MST与水环境生物源污染定量化溯源[J].农业环境科学学报,2016,35(2):205-211.

［3］魏潇淑,陈远航,常明,等.流域水污染监测与溯源技术研究进展[J].中国环境监测,2022,38(5):27-37.

［4］康萍萍,许士国,禹守泉.同位素溯源解析地下水库对地下水氮分布影响[J].水资源保护,2016,32(5):79-84+90.

［5］田帅,单旭东,程启鹏,等.巢湖流域典型稻麦轮作区大气氮磷沉降及对巢湖影响的分析[J].江苏农业学报,2022,38(4):958-966.

［6］郭玉静,李红兵,王树明,等.滇中高原水库外源污染负荷贡献解析与环境容量核算[J].环境科学,2023,44(3):1508-1518.

［7］刘晓荣,杜新忠,韩玉国,等.基于负荷历时曲线法的流域污染负荷特征解析与纳污能力研究——以沙河流域为例[J].中国环境科学,2023,43(3):1216-1224.

［8］徐志伟,张心昱,于贵瑞,等.中国水体硝酸盐氮氧双稳定同位素溯源研究进展[J].环境科学,2014,35(8):3230-3238.

［9］何席伟,苗雨,陈慧梅,等.水体粪便污染的线粒体DNA溯源研究(英文)[J].南京大学学报(自然科学),2014,50(4):388-398.

［10］梁红霞,余志晟,刘如钢,等.分子标记物在禽类粪便污染溯源中的研究及应用进展[J].生态学报,2021,41(3):1006-1014.

［11］陈亚军,何席伟,周嘉伟,等.太湖流域典型厂村融合区复合面源污染特征分析——以礼嘉镇、洛阳镇、雪堰镇为例[J].环境监控与预警,2019,11(2):1-9.

［12］倪天华,李文青,祁毅,等.流域任意空间尺度面源污染负荷智能化估算技术研究——以江苏省太湖流域为例[J].科技创新导报,2014(3):31.

［13］倪天华,李文青,祁毅,等.我国流域面源污染总量负荷估算技术研究进展浅析[J].科技资讯,2014,12(4):229+231.

［14］周亮,徐建刚,孙东琪,等.淮河流域农业非点源污染空间特征解析及分类控制[J].环境科学,2013,34(2):547-554.

［15］崔键,马友华,赵艳萍,等.农业面源污染的特性及防治对策[J].中国农学通报,2006,22(1):335-340.

［16］申萌萌,苏保林,李卉,等.太湳运河流域平原河网地区非点源污染负荷时空分布规律研究[J].北京师范大学学报(自然科学版),2012,48(5):463-470.

［17］BINH T N,TAI T V,SANG T T T.太湳运河污染源调查与分析[J].安徽农学通报,2017,23(20):66-68.

［18］谢文理,田颖,祁红娟,等.太湳运河氨氮污染时空特征及来源研究[J].安徽农业科学,2018,46(22):55-57.

［19］黄娟,逄勇,邢雅囡.控制单元核定及水环境容量核算研究——以江苏省太湖流域为例[J].环境保护科学,2020,46(1):30-36.

［20］李冰阳,韩龙喜,陈丽娜.基于丰水、枯水期点源、面源水污染特征的水环境容量计算方法——以太湖流域某水系为例[J].环境保护科学,2021,47(3):100-105.

［21］付碧玉,马友华,吴靓,等.遥感在农业面源污染中的应用研究[J].中国农学通报,2015,31(5):182-188.

［22］肖豪,周春辉,尚艳丽,等.基于SWAT与新安江模型的闽江建阳流域径流模拟研究[J].水力发电,2022,48(10):19-25.

［23］张萍,黄锦辉,孙翀,等.基于水质目标可达的入太湖湖体污染物削减方案研究[J].水利水电技术,2016,47(11):99-102+110.

［24］聂青,陆小明,高鸣远,等.太湖入湖污染物通量监测与计算方法研究[J].水利规划与设计,2020(7):45-49.

［25］吕文,杨惠,杨金艳,等.环太湖江苏段入湖河道污染物通量与湖区水质的响应关系[J].湖泊科学,2020,32(5):1454-1462.

［26］韦雨婷,逄勇,罗缙,等.苏南运河对太湖主要入湖河流污染物通量的贡献率[J].水资源保护,2015,31(5):42-46.

［27］夏文文,陈黎明,王晨波,等.太湖流域河流入河污染负荷通量与入湖水质响应关系分析——以殷村港为例[J].环境监控与预警,2021,13(4):14-17+46.

［28］郭洪鹏,张维,宋文华,等.控制单元农业面源污染负荷总量分配方法[J].水电能源科学,2019,37(11):74-78.

［29］高月香,张毅敏,王伟民,等.太湖流域江苏地区代表性水产养殖排污系数测算研究[J].农业环境科学学报,2017,36(7):1330-1336.

［30］臧梦圆,李颖.农业面源污染负荷估算及控制对策研究[J].山东农业科学,2021,53(2):142-147.

［31］罗永霞,高波,颜晓元,等.太湖地区农业源对水体氮污染的贡献——以宜溧河流域为例[J].农业环境科学学报,2015,34(12):2318-2326.

［32］牛勇,牛远,王琳杰,等.2009—2018年太湖大气湿沉降氮磷特征对比研究［J］.环境科学研究,2020,33(1):122-129.

［33］王燕,刘宁锴,王骏飞.太湖流域氮磷等大气沉降研究［J］.环境科学与管理,2015,40(5):103-105.

［34］李兆富,杨桂山,李恒鹏.基于改进输出系数模型的流域营养盐输出估算［J］.环境科学,2009,30(3):668-672.

［35］国务院第一次全国污染源普查领导小组办公室.第一次全国污染源普查城镇生活源产排污系数手册［EB/OL］.(2010-11-19).https://www.doc88.com/p-77688231179.html.

［36］国务院第一次全国污染源普查领导小组办公室.第一次全国污染源普查畜禽养殖业源产排污系数手册［EB/OL］.(2014-01-12).https://www.doc88.com/p-9902000105979.html.

［37］国务院第一次全国污染源普查领导小组办公室.第一次全国污染源普查工业污染源产排污系数手册［EB/OL］.(2015-10-30).https://www.doc88.com/p-1446695524949.html.

［38］国务院第一次全国污染源普查领导小组办公室.第一次全国污染源普查——农业污染源肥料流失系数手册［EB/OL］.(2017-11-08).https://www.doc88.com/p-3367475355816.html.

［39］BERNHARD A E, FIELD K G. A PCR Assay To Discriminate Human and Ruminant Feces on the Basis of Host Differences in *Bacteroides-Prevotella* Genes Encoding 16S rRNA［J］. Applied & environmental microbiology, 2000, 66(10):4571. DOI:10.1128/AEM.66.10.4571-4574.2000.

［40］HE X W, CHEN H M, SHI W,et al. Persistence of mitochondrial DNA markers as fecal indicators in water environments［J］. Science of the total environment, 2015, 533:383-390.

［41］HARWOOD V J, RYU H, DOMINGO J S. Microbial source tracking［M］//Sadowsky M J, Whitman R L. The fecal bacteria. Washington, DC:ASM Press, 2010:189-216.

［42］SCOTT T M, ROSE J B, JENKINS T M, et al. Microbial source tracking:Current methodology and future directions［J］. Applied and environmental microbiology, 2002, 68(12):5796-5803.

［43］MIESZKIN S, FURET J P, CORTHIER G,et al. Estimation of pig fecal contamination in a river catchment by real-time PCR using two pig-specific *bacteroidales* 16S rRNA genetic markers［J］. Applied and environmental microbiology, 2009, 75(10):3045-3054.

［44］MARTELLINI A, PAYMENT P, VILLEMUR R. Use of eukaryotic mitochondrial DNA to differentiate human, bovine, porcine and ovine sources in fecally contaminated surface water［J］. Water research, 2005, 39(4):541-548.

[45] KAUSHAL S S, GROFFMAN P M, BAND L E, et al. Tracking nonpoint source nitrogen pollution in human-impacted watersheds [J]. Environmental Science & Technology, 2011, 45(19):8225-8232.

[46] TORRES-MARTINEZ J A, MORA A, KNAPPETT P S K, et al. Tracking nitrate and sulfate sources in groundwater of an urbanized valley using a multi-tracer approach combined with a Bayesian isotope mixing model [J]. Water Research, 2020, 182 (638):115962.

[47] YI Q, CHEN Q W, HU L M, et al. Tracking nitrogen sources, transformation, and transport at a basin scale with complex plain river networks[J]. Environmental Science & Technology, 2017, 51(10):5396-5403.

[48] ZHU Q D, SUN J H, HUA G F, et al. Runoff characteristics and non-point source pollution analysis in the Taihu Lake Basin: A case study of the town of Xueyan, China [J]. Environmental Science and Pollution Research, 2015, 22(19):15029-15036.

[49] CHEN L, HAN L, LING H, et al. Allocating water environmental capacity to meet water quality control by considering both point and non-point source pollution using a mathematical model: Tidal river network case study[J]. Water, 2019, 11(5):900.

[50] WANG X, HAO F H, CHENG H G, et al. Estimating non-point source pollutant loads for the large-scale basin of the Yangtze River in China[J]. Environmental Earth Sciences, 2011, 63(5):1079-1092.

[51] ZHAN X Y, BO Y, ZHOU F, et al. Evidence for the importance of atmospheric nitrogen deposition to eutrophic Lake Dianchi, China[J]. Environmental Science & Technology, 2017, 51(12):6699-6708.